Michel Renouard

Aimer SAINT-MALO et la Côte d'Émeraude

Photographies : Hervé Boulé

ÉDITIONS OUEST-FRANCE
13, rue du Breil, Rennes

Du même auteur (sélection) :

Lumière sur Kerlivit, roman, 196
2e édition, 1988, Ed. Elor.
Le Requin de Runavel (en coll. avec J.-F. Bazin), roman, 1990, Ed. Elor.
Le Chant des adieux, roman, 197
2e édition, 1979.
Châtellerault, Ouest-France, 1986.
Art roman en Bretagne, Ouest-France, 1977.
La Bretagne, Ouest-France, 1982.
Aimer le Finistère, Ouest-France, 1988.
Aimer le Morbihan, Ouest-France, 1990.
Aimer l'Ille-et-Vilaine, Ouest-France, 1990.
Marco Polo, Ed. Gisserot, 1990.
La Bible, Ed. Gisserot, 1988.
A New Guide to Brittany, Ouest-France, 1984.
Dictionnaire de Bretagne (en coll. avec N. Merrien et J. Méar
Ouest-France, 1992.
Guide Bretagne, Ouest-France, 1993.
Bienvenue en Bretagne, Ouest-France, 1993.

Dinan : La tour de l'Horloge.

En couverture : *Saint-Malo.*

En quatrième de couverture :
Port de Dinan vu, aux environs de 1835, par le peintre marseillais Isidore Dagnan (1794-1873). La vallée d'Émeraude y jouit ici d'un éclairage doré, à vrai dire plus méditerranéen que breton. (Collection du musée de Dinan.)

Le port de Saint-Malo.

INTRODUCTION

Bretagne orientale. Côte d'Émeraude. Terre d'Émeraude et — pourquoi pas ? — triangle d'Émeraude si l'on considère les trois points extrêmes, Erquy, Dinan et Cancale. Les mots glissent sous la plume comme autant de grains de sable entre les doigts. Les appellations se chevauchent, s'opposent ou se complètent. Les uns parleront du nord-ouest de l'Ille-et-Vilaine et de l'est des Côtes-d'Armor. D'autres utiliseront des repères encore moins poétiques : districts, cantons ou arrondissements. Certains auteurs feront appel à des entités commodes mais insaisissables : pays de Saint-Malo, pays de Dinan, pays de Fréhel. Des historiens souligneront que cette terre est, avant tout, celle des Coriosolites. Chartes en main, des ecclésiastiques invoqueront les évêchés de Saint-Malo, Dol et Saint-Brieuc. Quelques originaux se plairont même à utiliser des termes comme Poudouvre ou Clos-Poulet. L'émeraude, on le voit, a décidément plus d'une nuance.

Tout choix est arbitraire. Certains lecteurs trouveront que ce guide est trop restrictif et d'autres le jugeront trop accueillant. L'auteur a simplement voulu réunir dans ce guide toutes ces terres de Bretagne orientale tournées vers la mer. Celles dont le destin s'est joué par référence aux côtes de la Manche. Même à Dinan, à Pluduno ou à Plancoët, la Côte d'Émeraude paraît à deux pas.

La frange littorale que nous avons choisie court, en dents de scie, d'Erquy à Saint-Benoît-des-Ondes, au sud de Cancale. Certes, l'appellation Côte d'Émeraude *est, en général, un peu plus étriquée puisqu'elle*

recouvre la zone comprise entre le cap Fréhel et Cancale. Mais comment parler de Fréhel sans saluer aussi Sables-d'Or-les-Pins et Erquy ? Comment citer Cancale sans évoquer son arrière-pays ?

Pour l'intérieur, il a été facile de tracer une frontière. Le Poudouvre se déploie entre deux rivières, la Rance et l'Arguenon qui, l'une et l'autre, palpitent au rythme de la marée. La vallée de la Rance, en particulier, est longtemps restée la principale voie de passage entre la Manche et l'intérieur. Quand les tempêtes labouraient la mer, les paysans du pays de Dinan retenaient leur souffle, car la moitié de leurs fils étaient mousses ou marins.

Dans l'Antiquité, la vallée de la Rance reliait aussi, grâce au port fluvial de Taden et à son gué, l'active capitale des Coriosolites, Corseul, à la Normandie et au reste de la Gaule. Les marchands de Corseul n'étaient pas casaniers, et on a retrouvé leurs pièces de monnaie à Jersey et en Angleterre. Tourné vers la Rance et la mer, Corseul a donc également sa place dans notre étude de la terre d'Émeraude, même s'il est vrai que le territoire des Coriosolites s'étendait aussi beaucoup plus au sud et à l'ouest.

À l'ouest, justement, le pays de Fréhel sert de trait d'union entre le Poudouvre et le Penthièvre (région de Lamballe). Le petit Frémur se jette dans la baie de la Fresnaye dont les ports étaient utilisés par les templiers installés dans la région, sur cette terre bretonne métissée par les influences française, normande et anglaise.

Terre bretonne que ce triangle d'Émeraude ? Sans aucun doute, et la toponymie est là pour nous le rappeler. Il y a quelque 1000 ans, cette région était bilingue. On est surpris d'y trouver un nombre important de communes, de rivières ou de lieux-dits dont l'origine est bretonne, d'Aucaleuc à Pleurtuit, en passant par Créhen, Coëtquen, Mordreuc, Plancoët, Frémur et Arguenon. Il est, d'ailleurs, dans la nature de cette terre d'échanges d'être bilingue : breton-français d'abord, français-gallo ensuite et même, dès le début du 19e siècle, français-anglais dans des villes comme Saint-Malo, Dinard et Dinan où une importante colonie britannique éditait, vers 1860, la revue The Dinan Magazine.

Cancale au fil des heures.

Ci-contre : *Songes d'un jour d'été à Saint-Malo.*

Baie de Saint-Malo.

La Bretagne se définit souvent par l'exceptionnelle densité de ses richesses artistiques. Or, cela paraît moins vrai en terre d'Émeraude. La région possède pourtant deux villes dont l'architecture est, à des titres divers, remarquable : Saint-Malo, qui a beaucoup souffert en 1944, et surtout Dinan. Elle recèle aussi de belles églises, des châteaux, des manoirs et une centaine de malouinières dont certaines sont de purs joyaux. C'est cependant assez peu par rapport à d'autres régions de Bretagne comme le Léon ou la Cornouaille.

Même sur le plan littéraire, on est également surpris par ce qu'il faut bien appeler une certaine réserve. Certes, un génie des lettres est né à Saint-Malo, Chateaubriand. Lamennais fut un des grands penseurs de son siècle. Il y a eu aussi des romanciers de tout premier ordre, comme Roger Vercel. Quelques valeurs patentées, comme l'académicien Duclos, Hippolyte de La Morvonnais ou Théophile Briant, sont parfois invoquées, mais qui les lit aujourd'hui ? Plus récemment, certains écrivains qui avaient du souffle, comme Jean Cordelier, semblaient promis à une brillante carrière, mais le monde parisien de l'édition les a condamnés au silence.

Certains poètes méritent pourtant d'être cités : Marie-Paule Salonne, Angèle Vannier, Bernard Colonne ou Yves Prié, par exemple. Il est par ailleurs intéressant de le noter : la plupart des romans sur la région ont été écrits par des écrivains venus d'ailleurs : la Morbihannaise Raoul de Navery, l'Anglo-Canadien Robert Service, le Manceau Roger Vercel, le Picard Paul Vimereu, l'Américaine d'origine écossaise Helen MacInnes ou encore Colette et la Brestoise Danielle Delouche. Cela est, d'ailleurs, normal puisque l'œil du romancier — ou du peintre — a besoin de recul.

Goélands argentés.

Les grands artistes locaux sont, en effet, peu nombreux, alors que la région n'a cessé de séduire des peintres eux aussi venus d'ailleurs. Yves Floc'h était finistérien. Yvonne Jean-Haffen, disciple de Mathurin Méheut, avait la quarantaine quand elle s'est installée sur les bords de la Rance. André Mack est né à Saint-Brieuc, Claude Marin à Nantes, Daniel Derveaux à Paris. Parmi les artistes vraiment du cru, signalons Pierre Rochereau, Guy Mahé, Alain Aurégan, Monik Rabasté, Louis Guillard et Jean-Luc Chauvin. En musique, le palmarès reste brillant mais bref : Théodore Botrel pour la chanson populaire, Louis Aubert et Ivan Devriès pour les œuvres symphoniques, Myrdhin pour la harpe, Maripol pour la chanson poétique. Le pianiste Henri Kowalski était polonais par son père et breton par sa mère.

Cette terre de passage, ce carrefour de la Bretagne et de la Normandie, a su séduire ceux qui étaient en quête de beauté. Venus de tous les horizons, des oiseaux de race s'y sont posés, y ont fait leur nid et n'ont plus cherché à s'en éloigner. Des écrivains ou des artistes comme l'érudit Luigi Odorici, le peintre Yvonne Jean-Haffen, le poète Jacques Petit ou l'historien André Mussat sont devenus des Bretons à part entière. Ils ont même fait plus pour leur terre d'adoption que bien des autochtones. C'est Roger Vercel, par exemple, qui a fait revivre — par la magie de la fiction — la prodigieuse épopée des cap-horniers et des terre-neuvas.

La vérité est que cette Côte d'Émeraude est surtout un pays d'action et d'aventure. Lorsqu'il s'est agi de bouger, de vendre, de guerroyer, de sillonner les mers, d'aller conquérir des îles lointaines ou évangéliser les terres païennes, les Bretons de ce coin d'Armorique étaient les premiers au rendez-vous. A

Léhon.

Saint-Servan : la cité d'Aleth.

l'époque des croisades, ils partirent pour la Terre sainte. Puis, au fil des siècles, on les retrouve en Asie, en Afrique, au Canada, à Terre-Neuve, au cap Horn ou en Amérique espagnole. Ils ont été marins, soldats, explorateurs, missionnaires, colonisateurs, chirurgiens de marine ou cartographes. Les Malouins, bien sûr, se sont taillé la part du lion dans l'histoire maritime. Un des leurs a découvert le Canada. D'autres se sont installés au large de l'Argentine dans ce qui est devenu les îles Malouines. Les corsaires de Saint-Malo étaient connus sur tous les océans. Parti de Dinan, Auguste Pavie est allé explorer la lointaine Indochine.

Dinan : le Jerzual.

A Saint-Malo.

Le médecin François Broussais parcourut l'Europe avec les armées de Napoléon et fut à ses côtés à Austerlitz.

Ceux qui restaient au pays ne perdaient pas leur temps à écrire des sonnets ou des madrigaux : ils avaient pignon sur rue et comptaient leurs écus. Certains devinrent si riches, nous dit Chateaubriand, que « dans leurs jours de goguette, ils fricassaient des piastres et les jetaient toutes bouillantes au peuple par les fenêtres ». *Les « Messieurs de Saint-Malo » — dont l'historien André Lespagnol nous a conté la prodigieuse épopée —, étaient à la fois des aventuriers et d'habiles négociants.*

Même ceux qui préféraient l'aventure spirituelle restaient des hommes — ou des femmes — d'action. Le nom de Jean-Marie de Lamennais est aujourd'hui connu dans une vingtaine de pays. Celui de Jeanne Jugan, fondatrice des Petites Sœurs des pauvres, est vénéré dans quelque trente pays. Les Sœurs de la Divine Providence, dont la congrégation fut fondée par Guy Homery, sont présentes dans des pays aussi différents que le Zaïre et le Pérou. Un moine originaire de Saint-Briac, Henri Le Saux, partit un jour pour l'Inde et y fonda un ashram. *Il n'est que de feuilleter les annuaires des diocèses de Rennes et de Saint-Brieuc pour constater que de nombreux religieux de la région vivent, aujourd'hui encore, à l'autre bout du monde. Tous ont répondu, à leur manière, à l'appel de l'aventure.*

Près de Saint-Malo, le château des Chênes.

En fait, il suffit d'avoir voyagé à travers le monde pour savoir qu'il y a toujours — à Nairobi, Bénarès ou Paramaribo —, deux ou trois Bretons nés dans le triangle Erquy-Dinan-Cancale. Sur notre promontoire marin, les contemplatifs et les poètes sont plus rares que les bourlingueurs, les missionnaires et les Rouletabille. Est-ce un hasard si le mot émeraude, *venu du lointain Orient via la Grèce, a été choisi pour ce pays où le soleil levant nous incite à cingler vers le large ?*

La plupart des guides de Bretagne réservent la portion congrue à la Côte d'Émeraude. Ils se contentent de saluer ses principaux sites et de présenter ses plus beaux monuments. Sur place, sans doute, les érudits locaux ont effectué un utile travail de compilation et de défrichage. Quelques auteurs, comme M.-E. Monier (1901-1974), ont même fait mieux : ils ont été de remarquables pionniers. Des universitaires ont étudié, en fonction de leur spécialité, tel ou tel aspect de la région. Mais les grands travaux de synthèse, fondés sur d'authentiques recherches d'historien, sont rares. L'ouvrage d'André Lespagnol sur Saint-Malo n'en est que plus précieux, mais Dinan attend toujours son historien professionnel.

Il reste beaucoup à découvrir sur la Bretagne orientale, sur ce croissant d'Émeraude dessiné par les dieux où continuent, dans le poudroiement des embruns, de s'affronter la mer et le roc, la terre de nos humbles jours et le sable de nos plus folles chimères.

ARCHITECTURE

Le vestige le plus ancien est la **cella** gallo-romaine (temple de Mars) de Corseul, probablement élevée à la fin du 1er siècle. On trouve aussi, çà et là, des témoignages de la présence humaine, mais il s'agit souvent de structures discrètes qui ne peuvent intéresser que les spécialistes de l'archéologie ou de la prospection aérienne. Elles sont cependant plus spectaculaires à Saint-Servan.

L'architecture du pays d'Émeraude est, d'abord et avant tout, une **architecture civile** et **militaire**. Il y a de remarquables exemples à Saint-Malo et, plus encore, à Dinan (maisons à porche, hôtels particuliers, rues médiévales, Jerzual). La région possède divers châteaux (Saint-Servan, Fort-la-Latte, Bien-Assis) mais plusieurs sont en ruines (Montafilan, Montbran, Le Guildo, Coëtquen). L'enceinte urbaine de Dinan, unique en Bretagne, développe quelque trois kilomètres de remparts. Taden recèle un rare manoir du 14e. Les bords de Rance grouillent de manoirs et malouinières, pour la plupart sur la rive droite.

L'**architecture religieuse** est d'abord romane (façade de la basilique Saint-Sauveur de Dinan, nef de la cathédrale de Saint-Malo, portes romanes de Créhen, de Saint-Germain à Matignon et de Saint-Lormel, église de Saint-Lunaire). Léhon a une ancienne abbaye. Saint-Suliac possède une très rare église du 13e. Le gothique s'épanouit à Saint-Malo de Dinan et à Saint-Malo. On verra le vestige du plus ancien vitrail de Bretagne à Léhon (milieu 13e) et l'admirable verrière des Evangélistes à Saint-Sauveur de Dinan (fin 15e). Il y a de beaux vitraux modernes à Notre-Dame du Temple (Pléboulle) et dans la cathédrale de Saint-Malo.

Il y a de nombreuses croix sur le bord des routes, mais les deux seuls monuments dignes d'intérêt sont celui du village de Saint-Esprit (Léhon) et celui de la Roche-au-Cygron (Fréhel).

Pléhérel : chapelle du Vieux-Bourg.

L'ARGUENON

Arguenon vient du breton et signifie « blanche rivière ». Il sert de frontière entre le Penthièvre (pays de Lamballe) et le Poudouvre (pays de Dinan). Né au Gouray, c'est-à-dire à proximité des sources de la Rance, l'Arguenon (50 km) traverse diverses communes, dont Jugon, avant d'atteindre Plancoët.

A ce point de son cours, il se canalise et devient navigable (la marée, d'ailleurs, remonte jusqu'à Plancoët). Il poursuit alors sa route vers Saint-Lormel, Créhen et Saint-Cast (port du Guildo) avant de mourir au pied du château de Gilles de Bretagne. C'est ici que François Ménez retrouva « *l'inexprimable douceur imprégnée d'un peu de tristesse, des "bas de rivière" trégorrois qui, sous la patine cendrée de leurs brumes, imposent à l'âme leur silence apaisant* ».

Toute la région comprise entre Plancoët et Le Guildo offre de nombreuses possibilités d'excursions, au cœur d'une nature qui, par miracle, a été préservée.

BAIE DE LA FRESNAYE
(Côtes-d'Armor)

La baie de la Fresnaye est un des sites les plus prestigieux de la Côte d'Émeraude. Elle est à la fois intéressante à visiter et à étudier. Délimitée à l'O. par le promontoire de Fréhel et à l'E. par la presqu'île de Saint-Cast, elle reçoit au S. les eaux du Frémur. Profonde de 6 km, elle constitue un rectangle plus ou moins régulier.

Vivant au rythme de la marée, la baie recèle quatre petits ports : Port-Saint-Céran (au N.-O.), Port-Nieux (à l'O.), Port-à-la-Duc (au S.) et Port-Saint-Jean (à l'E.). Bordé de bruyère, un chemin de randonnée (chemin des douanes) permet de découvrir toute la zone comprise entre Les Sables-d'Or et Port-à-la-Duc. De là, on peut poursuivre la promenade jusqu'à la pointe de la Corbière (Saint-Cast) en passant par Crissouët et Sainte-Efficace.

La mytiliculture et l'ostréiculture sont devenues deux des activités essentielles de la baie. Il n'est pas interdit d'aller à la pêche aux coquillages, à marée basse. On en profitera pour essayer de reconnaître quelques oiseaux. Ils sont d'autant plus nombreux ici que les falaises et les îlots du cap Fréhel constituent une des principales réserves de la côte nord.

La Fresnaye.

Cancale : plage du Verger.

CANCALE (Ille-et-Vilaine)
A 14 km à l'E. de Saint-Malo

La Bretagne possède deux ports dont l'étymologie paraît comparable : Concarneau et Cancale. Dans les deux cas, la première syllabe, *konk* (cf. latin *concha*), aurait le sens de crique ou de baie. Cancale viendrait de Konkaven puis de Konkall, mais la fin du mot reste de sens incertain.

La baie est le résultat d'une série d'envahissements de la mer. La tradition garde le souvenir d'un raz-de-marée qui, en 709, recouvrit la forêt de Scissy. Les rochers de Cancale seraient les vestiges du littoral englouti.

Le port de pêche doit sa réputation à ses huîtres. Avant la

Révolution, elles étaient, deux fois par semaine, acheminées à Versailles pour la table du roi. Ces fruits de mer faisaient des envieux : des pêcheurs anglais n'hésitèrent pas à venir faire des rafles dans les parcs. Mais c'est surtout la marine de guerre britannique que les Cancalais redoutaient. En 1758, la flotte du duc de Marlborough attaqua et pilla le port. Vingt ans plus tard, les Anglais le bombardaient à nouveau... Aujourd'hui, les bancs de la baie du Mont-Saint-Michel ont été décimés, et les ostréiculteurs achètent leur naissin à Bélon.

C'est à Cancale que naquit la fondatrice des Petites Sœurs des

Cancale.

Pointe du Grouin.

pauvres, une fille de pêcheurs, la bienheureuse Jeanne Jugan (1792-1879). Également né à Cancale (en 1921), Eugène Royer a écrit plusieurs livres sur la Bretagne.

Au N., le chemin des douaniers (ou chemin de ronde) conduit à la pointe du Grouin : c'est une merveilleuse promenade, d'où l'on aperçoit, par temps clair, la silhouette du Mont-Saint-Michel. Après la pointe de la Chaîne, située en face de l'**île des Rimains** (fort de 1782), voici l'anse de Port-Briac, la grève de Port-Pican, la plage de Port-Mer, puis la **pointe du Grouin**. Cette pointe noyée d'écume est un spectacle remarquable aux tempêtes d'équinoxe de septembre. L'**île des Landes** est une réserve ornithologique (grands cormorans). De la pointe du Grouin, on peut poursuivre la promenade jusqu'à l'anse Du-Guesclin (v. Saint-Coulomb).

Profondément marqué par la pêche — qui, naguère encore, éloignait parfois les hommes 7 à 11 mois sur 12 —, le pays de Cancale constitue un monde à part, qui intéresse à la fois le psychologue et le sociologue. Dans les familles, ce sont souvent les Cancalaises — plus que les capitaines —, qui mènent la barque. Le **musée** (dans l'ancienne église Saint-Méen) constitue une bonne introduction au microcosme cancalais et à son histoire. Mais il ne faut surtout pas manquer l'étonnante fête du 15 août, à **La Houle**. Des dizaines de reposoirs sont dressés et, quand vient le soir, les Cancalais viennent, par groupes, chanter de vieux cantiques : le même jour, sur toutes les mers du globe, les pêcheurs cancalais chantent les mêmes cantiques.

L'église paroissiale est une construction récente (1886), dont le clocher peut servir d'observatoire sur la côte et la baie du Mont-Saint-Michel. La chapelle Notre-Dame du Verger (recons-

Cancale.

truite en 1833) était naguère le siège d'un Pardon renommé.

Jadis la région de Granville, de Cancale et de la Rance était connue pour ses « bisquines » (navires de pêche originaires de la baie de Biscaye). Une nouvelle bisquine, la *Cancalaise*, a été lancée le 18 avril 1987.

LES CHAMPS-GÉRAUX

(Côtes-d'Armor)
A 9 km au S.-E. de Dinan

Cette commune encore très « jeune » — elle fut créée en 1934 —, appartient au pays de Dinan. Une partie de la forêt de Coëtquen (v. Saint-Hélen) est, d'ailleurs, située sur le territoire de la bourgade. La Rance passe à hauteur du Vaugré.

Ce n'est pas pour des raisons artistiques qu'il faut se rendre aux Champs-Géraux, encore qu'il y ait ici de beaux manoirs-fermes des 17e et 18e, un château (La Gravelle) et la chapelle Notre-Dame (18e). L'originalité de la commune est ailleurs : le village de **Fautrel**, à l'orée même de la forêt, est un des tout derniers endroits où l'on produit encore des craquelins de façon artisanale !

Cette activité existe dans la région depuis des siècles, mais elle s'est raréfiée au cours des dernières décennies. Comme leur nom l'indique, les craquelins sont des pâtisseries sèches (à base de farine et d'œufs) qui craquent sous la dent. Au Moyen Age, on les appelait aussi les échaudés, car on « échaudait » la pâte à l'eau frémissante. Sa forme a

Les Champs-Géraux : fabrique de craquelins.

varié selon les époques et les régions. Au pays de Dinan, ils sont ronds avec des bords relevés.

La proximité de la forêt de Coëtquen n'est pas due au hasard : les craqueliniers avaient jadis besoin de bois pour chauffer leurs fours.

Les habitants des Champs-Géraux sont les Champs-Gérausiens ou les Campos-Gérausiens.

CHATEAUNEUF-D'ILLE-ET-VILAINE (Ille-et-Vilaine)

A 14 km au S. de Saint-Malo

Du château — qui, depuis le 11e siècle, connut bien des avatars —, il ne reste qu'une **tour** (15e) en ruines sur les six qu'il comptait jadis. A proximité se trouve un autre château, du 17e. Renée de Rieux naquit ici en 1550. Elle charma la cour de France et le futur Henri III. Depuis sa mort, elle hante le parc de Châteauneuf. Avec une bonne ouïe, on entend la nuit le frôlement de sa robe de soie sur les dalles.

A l'O. du bourg, le **château de la Basse-Motte** est du 18e. A l'E., la **mare de Saint-Coulban** (ou Saint-Coulman) est le vestige d'un bras de mer : lorsque la Manche engloutit la forêt de Scissy, le Clos-Poulet devint une île. La Rance se jetait alors dans la baie de Cancale. Toute cette zone marécageuse occupe un vaste triangle entre Châteauneuf, Saint-Guinoux et Lillemer. Elle constitue une des frontières naturelles du Clos-Poulet. Sa superficie varie selon les saisons.

Chaque soir, on entend un rugissement profond, le beugle de Saint-Coulban. Pour les uns, il s'agirait du cri d'un héron. Pour d'autres, des gémissements des âmes du Purgatoire. Certains évoquent même quelque animal des eaux, cousin breton du monstre du Loch Ness. Vérifications faites, il s'agit des plaintes du dragon dompté par Saint-Suliac (v. Saint-Suliac).

La *Chanson d'Aquin*, roman du 12e siècle, raconte que la ville de Gardoine a été engloutie à cet endroit. Alors qu'elle était occupée par les Sarrasins, Charlemagne demanda à Dieu de détruire la place forte. Il fut entendu, et la ville fut submergée.

Né à Châteauneuf, Pierre Rochebonne (1885-1946) fut marin avant de devenir cheminot... et écrivain. On lui doit notamment *La Sirène de la Rance : roman de la Côte d'Émeraude* (1925) dont l'action, pour l'essentiel, se passe sur les bords de la Rance.

Châteauneuf.

LE CLOS-POULET
(Ille-et-Vilaine)

Le Clos-Poulet — c'est-à-dire le « clos du pays d'Alet » —, est la région comprise entre la Rance à l'O., la Manche au N. et la baie du Mont-Saint-Michel à l'E. Sa frontière S. est plus incertaine, mais elle correspond, peu ou prou, à une diagonale qui, partant de Saint-Benoît-des-Ondes, suivrait le Biez Jean en direction de la mare de Saint-Coulban pour atteindre les rives de la Rance, au S. de La Ville-es-Nonais. Certains auteurs descendent même jusque Pleudihen.

La région comprend donc une frange littorale importante avec Saint-Malo et Cancale, toute la rive droite de la Rance entre Saint-Servan et La Ville-es-Nonais, et un riche *hinterland*, aux alentours de Saint-Méloir, tourné vers les activités agricoles (cultures maraîchères).

Outre ses sites naturels très variés (Rance et littoral), le Clos-Poulet possède une rare abondance de châteaux, manoirs et malouinières (plus d'une centaine) et des trésors artistiques ou architecturaux dans des villes comme Saint-Malo et Saint-Suliac.

Chateaubriand a bien traduit l'atmosphère du Clos-Poulet à l'époque de toute sa splendeur : « *Mélange continuel de rochers et de verdure, de grèves et de forêts, de criques et de hameaux, d'antiques manoirs de la Bretagne féodale et d'habitations modernes de la Bretagne commerçante.* »

Corseul : le temple de Mars.

CORSEUL (Côtes-d'Armor)
A 10 km à l'O. de Dinan

En 57 avant Jésus-Christ, le territoire des Coriosolites — dont la capitale est Corseul —, entre dans l'histoire : Jules César le mentionne dans sa *Guerre des Gaules.* De cette tribu gauloise, nous savons qu'elle frappait monnaie, possédait Jersey et avait des relations commerciales avec le sud de l'Angleterre. Vers l'an 40 avant J.-C., Corseul devient une *civitas* romaine sous le nom — possible mais non certain — de Fanum Martis avant de prendre, vers le 3e siècle, celui de Civitas Coriosolitum.

Pendant quatre siècles, la ville fut un centre gallo-romain de première importance. Cinq voies romaines y aboutissaient, et Corseul entretenait des relations avec une partie de l'Empire — de l'Aquitaine à la Toscane. Elle fut surtout prospère dans la deuxième partie du 1er siècle, sous Vespasien, Titus et Domitien. Elle posséda son forum, ses thermes, ses monuments et ses temples. Les

Coriosolites avaient adopté les dieux du monde gréco-romain (Cybèle, Mars), sans pour autant répudier les divinités celtiques (Sirona). Le déclin commença au début du 4e siècle. Et bientôt Alet (v. Saint-Malo) supplanta l'ancienne capitale des Coriosolites. Les Barbares portèrent un coup mortel à la ville qui, semble-t-il, fut incendiée vers l'an 406.

Il reste peu de souvenirs spectaculaires de cette époque. Au fil des siècles, les vestiges romains furent pillés (ainsi, des pierres de Corseul furent utilisées au 18e pour les remparts de Saint-Malo). Quelques fragments (dont une colonne à chapiteau) ont été rassemblés dans les jardins de la mairie. Il en reste quelques autres (tambours de colonnes) dans le jardin des Antiques, rue Lessard. Tout près, **musée archéologique**.

L'église (1838) recèle un rare **bénitier** à cariatides, attribué au 12e, et surtout une **pierre tombale gallo-romaine** comportant une inscription en lettres capitales : celle-ci est encastrée à droite du chœur, à l'angle du mur latéral S. (une minuterie permet de mettre l'épigraphe en évidence). Selon Prosper Mérimée, le texte signifie ceci : « *Consacré aux dieux mânes, Sicilia Namgidde qui, de l'Afrique sa patrie, animée par une tendresse admirable, suivit son fils, repose en ce lieu. Elle a vécu 65 ans. Cneius Flavius Januarius, son fils, lui a élevé ce tombeau.* »

A 200 m de l'église (sur la route de Saint-Jacut), on verra le terrain de fouilles du **Champ-Mulon**. Mais le seul élément spectaculaire se trouve à 3,5 km à l'E. de la mairie, en bordure de la route de Dinan, au village du Haut-Bécherel. Il s'agirait d'une *cella*, dite **temple de Mars**. Cette tour polygonale, probablement élevée à la fin du 1er siècle, atteste la qualité et la solidité des constructions romaines.

Dans la direction opposée, à 2,5 km à l'O. de la mairie, une route étroite conduit du centre de Corseul au **château de Montafilan** (fin 12e ou début 13e, remanié au 14e) qui remplaça sans doute un oppidum. C'est ici qu'a été découvert un autel votif dédié à la déesse Sirona (il est aujourd'hui au musée de Dinan). On éleva le château en utilisant des pierres de Corseul. Et quand le donjon, à son tour, tomba en ruine, on les récupéra pour la construction de la nouvelle église.

Ainsi voyagent les pierres, ainsi meurent les civilisations.

Corseul : ruines de Montafilan.

CRÉHEN (Côtes-d'Armor)
A 20 km au N.-O. de Dinan

Le bourg, sur les bords de l'Arguenon, est situé sur une colline d'où, peut-être, son nom (cf. breton *krec'h* ou *krec'hienn*, hauteur). C'est un toponyme assez fréquent (on le retrouve à Pleurtuit, par exemple). L'**église** est moderne (1817-1832), mais certains éléments (porte) proviennent d'un édifice roman.

La commune accueille, depuis 1825, la maison mère des Sœurs de la Divine Providence de Créhen (qui y tiennent également une école pour jeunes filles depuis 1913). Cette congrégation fut fondée par l'abbé Guy Homery (1781-1861), qui devint recteur de Créhen en 1818. Elle compte aujourd'hui quelque 560 religieuses dans le monde (France, Belgique, Pays-Bas, Pérou, Zaïre).

En bordure de la route de Ploubalay, le manoir de Bréjerac est du 15e, mais il a été remanié. Plus difficile à découvrir est le **château de la Touche-à-la-Vache** (15e, mais des éléments nettement plus anciens remonteraient au 13e). Il n'en reste que des ruines... et un nom original.

D'autres vestiges, ceux du château du Guildo, se trouvent au N.-O. sur le territoire de Créhen, mais il a paru plus logique de les évoquer dans la rubrique Saint-Cast-le-Guildo.

Dinan : le donjon de la Duchesse-Anne.

DINAN (Côtes-d'Armor)
A 50 km au N.-O. de Rennes

Dinan est, avec Carcassonne, une des villes fortifiées les plus séduisantes de France. Le site lui-même est exceptionnel : au lieu de se recroqueviller dans sa vallée, comme Morlaix, Dinan s'est surtout développée sur sa colline d'où elle surplombe, de quelque 70 mètres, le cours de la Rance. Des hauteurs de Lanvallay (route de Rennes), la cité présente son visage le plus fascinant avec son viaduc, ses remparts, ses tours et ses clochers. Quand le visiteur pénètre dans la vieille ville, il découvre ses églises, ses chapelles, ses anciens monastères, ses maisons à porches et à piliers, ses ruelles étroites aux pavés disjoints. On pourrait continuer l'énumération des richesses ou curiosités de l'ancienne capitale du Poudouvre (v. à ce nom). Les Coriosolites (v. Corseul) occupèrent la colline. Puis vinrent les Romains qui furent, sans doute, les premiers à vraiment fortifier le site (la voie Corseul-Avranches passait à proximité). Vers 1065, Guillaume le Conquérant mit le siège devant le castel de bois qui avait succédé au fort latin.

Plusieurs écrivains ou artistes sont nés à Dinan, y vivent ou y ont vécu : Auguste Pavie (1847-1925) qui, pendant 28 ans, explora le Sud-Est asiatique puis lui consacra divers volumes ; Gabriel-Louis Pringué (1885-1965), chroniqueur mondain ; André Le Gall (1904), psychologue ; les romanciers Jean Cordelier (1912-1980), Simone Vercel (1923) et Yves Jacob (1940), ou encore Tanguy Kenec'hdu (1914), traducteur de l'écrivain Yukio Mishima ; le peintre Alain Aurégan (1941) ; l'écrivain Hervé Carn (1949) ; le musicien Myrdhin (1950) et le journaliste Jean-Yves Ruaux (1951), spécialiste de la Corée. Le poète et chroniqueur Jacques Petit (1922) vit à Dinan depuis 1944. Au siècle dernier, alors qu'il était étudiant à Rennes, Charles Leconte de Lisle vint souvent à Dinan, la ville natale de son père ; il y aima d'amour une jeune Anglaise.

Pendant quelque 150 ans, la cité hébergea une colonie de Britanniques, dont beaucoup étaient d'anciens officiers (140 résidents en 1842, 502 en 1870). Ils publièrent même une revue trimestrielle en anglais vers 1860. La famille du maréchal Kitchener vécut au pays de Dinan, que Lawrence d'Arabie fréquenta à diverses reprises, entre 1893 et 1908 (v. aussi Dinard). En 1942, un écrivain américain d'origine écossaise, Helen MacInnes, consacra un roman à la région, *Assignment in Brittany*, qui fut la première œuvre de fiction consacrée à la Résistance bretonne.

Il n'est pas facile, en saison, de circuler à Dinan. Il est encore plus difficile d'y stationner, d'autant que les parcmètres et horodateurs interdisent toute longue visite. Le plus commode est d'arriver dès potron-minet et de laisser sa voiture (quand on vient de Rennes, tourner à gauche à l'extrémité du viaduc) sur la place-parking où trône l'effigie équestre de Du Guesclin, œuvre du sculpteur parisien Emmanuel Frémiet (1902). Bien que né près de Broons, Bertrand Du Guesclin était dinannais de cœur. Il y rencontra sa première femme, Tiphaine Raguenel. Et il se battit ici, en 1357, contre un Anglais qui avait retenu prisonnier son

Dinan : l'Apport.

La vallée de la Rance.

frère pendant une trêve ; l'affrontement eut lieu sur la proche **place du Champ** (v. aussi La Vicomté-sur-Rance).

De cette place, gagner, par la rue Sainte-Claire, la place du Théâtre. Une demeure à piliers occupe le côté gauche : c'est l'**hôtel de Keratry** (16e), siège de la maison du tourisme. Ce bâtiment vient, en réalité, de Lanvollon, près de Saint-Brieuc, où il agonisait après un incendie ; il est à Dinan depuis 1938. A deux pas, le **théâtre des Jacobins** a été construit à l'emplacement d'un couvent fondé en 1224, dont il reste quelques vestiges à l'intérieur. Près de ce théâtre, rue Pavie, un portail Renaissance a été remonté ; il vient d'un oratoire de Saint-André-des Eaux.

On remarque, tout près, la rue de l'Horloge avec ses maisons du 15e et du 16e et, surtout, son **beffroi** (fin 15e). Haut de 30 m, il

Le cloître des Cordeliers.

possède quatre cloches dont la principale fut offerte par Anne de Bretagne. Au pied du beffroi, le petit centre commercial ouvert en 1985 est une réussite.

Revenons sur nos pas pour emprunter la rue de Léhon, qui possède deux hôtels particuliers du 18e (l'hôtel de Montmuran puis l'hôtel de France). La chapelle (1662) de l'ancien couvent des bénédictines (18e) leur fait suite ; en 1934, à la demande du principal d'alors, Antoine Gouze (qui allait devenir le beau-père de François Mitterrand), on transforma ce sanctuaire en gymnase de l'actuel **collège Roger-Vercel**, nom d'un de ses anciens professeurs (1894-1957) qui obtint le Goncourt en 1934. De 1777 à 1791, le couvent avait servi d'école ecclésiastique, le collège des Laurents. Deux Malouins célèbres, le médecin François Broussais — qui a donné son nom à un hôpital parisien (v. aussi Pleurtuit)—, et l'écrivain Chateaubriand y furent alors élèves. Le réfectoire du collège contient des fresques du 17e.

Puis nous atteignons la **porte Saint-Louis** (1620), la plus récente, qu'il convient de franchir pour avoir une vue générale du « château ». Il n'y avait plus de forteresse depuis un siècle quand, à la fin du 14e, fut construite la **tour de la Duchesse-Anne**, sur ordre du duc Jean IV ; elle mesure 34 m de haut. L'appellation château (à vrai dire inexacte) est redevable à Philippe de Mercœur, gouverneur de Bretagne et chef des Ligueurs, qui regroupa cette tour et sa voisine, la tour de Coëtquen (15e), pour en faire un réduit pouvant s'opposer à l'extérieur... et à la ville (on n'est jamais trop prudent). Cet ensemble abrite aujourd'hui un musée de grand intérêt. La porte du Guichet (14e), placée entre les deux tours, permet de gagner l'entrée du château. Seule la **fête des remparts** permet de visiter toutes les fortifications de la ville.

Au pied du donjon débute la **promenade des Petits-Fossés**, établie sur l'ancienne contrescarpe. En contrebas se trouve un parc de 4 hectares où sont situés la bibliothèque municipale (50 000 volumes), un musée ornithologique et, pour les enfants, le jardin des Petits-Diables. Au sommet d'une lugubre colonne

L'Office du tourisme et la tour de l'Horloge.

Porte du Jerzual.

Ci-contre, en haut : *Façade romane de la basilique Saint-Sauveur.*

En bas : *L'Apport et la rue de l'Horloge.*

(1838), le Dinannais Charles Duclos (1704-1772) poursuit sans illusions son monologue intérieur. Il fut romancier, rédacteur à l'*Encyclopédie* de Diderot et académicien — mais qui le lit aujourd'hui ?

Face à ce buste, la ruelle du Trou-au-Chat permet de gagner le centre de la ville en empruntant, sur la gauche, la **rue de la Cordonnerie**, bordée de maisons en encorbellements (15e). Elle débouche sur la place des Merciers où, à l'intérieur de la **maison de la Mère-Pourcel** (restaurant), se voit un remarquable escalier de bois du 16e. A deux pas de là, dans la rue de la Mittrie, est né (au n° 10) le chansonnier Théodore Botrel (1868-1925).

En revenant sur ses pas, on gagne la place des Cordeliers, qui conserve — malgré le terrible incendie de février 1907 —, quelques maisons à porche (16e) et le portail (15e) du **couvent des Cordeliers**, fondé vers 1245 par le seigneur de Dinan, Henri d'Avaugour, au retour d'une croisade. Il ne reste rien de l'établissement primitif, et la majeure partie des bâtiments fut élevée au 15e siècle. De cette époque datent, notamment, le **cloître** et la cour d'honneur (tour du Capitole). La **salle capitulaire** (également 15e) est un des réfectoires du collège ecclésiastique qui, chassé de la rue de Léhon à la Révolution, a succédé en janvier 1803 au couvent franciscain fermé en 1791. Cette salle a servi, à deux reprises, de lieu de réunion pour les états de Bretagne, parlement régional itinérant. En face de la chapelle (1903), l'abside (16e) de l'église Saint-Malo s'épanouit en un flamboyant bouquet de pierres. Pour s'y rendre, il faut emprunter

le porche des Cordeliers et tourner à droite.

Tout près, au n° 4 de la grand'rue, se dresse la remarquable tourelle à pans coupés, haute de 18 m, de l'**hôtel de Plouër** (début 16e ; certaines adjonctions sont du 18e). C'est là que se trama la conspiration qui aboutit, en février 1598, à libérer Dinan des Ligueurs et à préparer la venue du roi Henri IV en Bretagne (mars) et la signature de l'édit de Nantes (avril). En 1773, l'hôtel devint la résidence d'hiver du comte de Plouër, dont l'épouse était la marraine de Chateaubriand. La demeure connut ensuite bien des avatars ; elle fait partie des Cordeliers depuis 1927.

Puis voici l'**église Saint-Malo**, commencée à partir de 1489. De style gothique flamboyant, elle ne fut achevée que vers 1865. Elle s'ouvre, au S., par un double portail Renaissance. A l'intérieur, noter surtout le chœur (1491) avec déambulatoire et chapelles rayonnantes, d'influence normande. Au bas de la nef (1855), un bénitier du 19e est supporté par Satan. Les vitraux de Merklen (vers 1925) ne manquent pas de couleurs.

Au N. de l'édifice, on gagne, par les rues de la Boulangerie et des Quatre-Miches — où vécut, au n° 9, la famille Kitchener —, la promenade des Grands-Fossés qui longe une partie des remparts. En remontant vers la droite la contrescarpe (cours Verdun), on atteint le **banc de la Critique** — souvent très encombré —, puis la tour de l'Alloué (également dite

En haut : *L'église Saint-Malo.*

En bas : *Le Jerzual.*

Beaumanoir) et enfin la **porte Saint-Malo** (14e). Franchie cette porte, remonter la rue de l'École puis de la Poissonnerie. A l'angle de celle-ci et de la rue de la Lainerie, le rez-de-chaussée de la **maison des Trinitaires** (très restaurée), daterait des environs de 1368. En face, rue de la Lainerie, le remarquable **hôtel Patru** (1774) fut sans doute la dernière maison à piliers construite dans la cité. Tout près commence la rue du Jerzual, mais il nous faut d'abord poursuivre en direction de la tour de l'Horloge, vers la **place de l'Apport** où se trouve un ensemble exceptionnel de maisons à porches (restaurées).

Sur la gauche, en descendant la rue Haute-Voie, noter un portail Renaissance que surmontent quatre dauphins ; il ouvre sur la cour de l'**hôtel Beaumanoir** (1535) qui fut couvent de dominicaines au 17e siècle. Il brûla pendant la dernière guerre, mais il a été restauré.

L'étroite rue de la Larderie permet de gagner la **basilique Saint-Sauveur**. Depuis l'époque romane, chaque siècle a laissé sa marque au sanctuaire. La partie basse de la façade (noter les sculptures en saillie d'animaux ailés au-dessus du tympan moderne) et la côtale S. sont du 12e. Le campanile du clocher est de 1779. L'église a été largement reconstruite à la fin du 15e et au 16e, mais elle n'a jamais été vraiment achevée (il y manque un bas-côté). L'intérieur est sombre, oppressant, mais les points d'intérêt ne manquent pas : cuve baptis-

En haut : *L'hôtel Beaumanoir.*

En bas : *Le Vieux Pont.*

Ci-contre :
Basilique Saint-Sauveur :
la verrière des Evangélistes.

male (12e), **verrière des Evangélistes** (fin 15e), retable du Rosaire, et, tout près, cénotaphe Empire où repose, depuis 1810, le cœur de Bertrand Du Guesclin, monumental maître-autel à baldaquin (18e) dans un chœur du 16e. Derrière celui-ci se trouvent deux

Dinan-Lanvallay : le viaduc.

chapiteaux romans déposés et, à droite, l'image de Notre-Dame des Vertus (16e).

Le **jardin Anglais** s'étend derrière le sanctuaire près des anciens remparts dominant le cours de la vallée enchantée. A droite du parc, le couvent des Catherinettes (17e) a été transformé en hospice en 1816. Un **viaduc** (250 m de long et 40 m de haut) relie Dinan à Lanvallay depuis 1852. Du jardin Anglais, par la rue du Rempart et la rue puis la venelle Michel, on rejoint les **rues du Jerzual et du Petit-Port** qui, dans le prolongement l'une de l'autre, descendent jusqu'au port. Délimitées par la porte du Jerzual (14e-15e), elles serpentent entre deux rangées de maisons. Beaucoup ont été rachetées par des artisans. Cette artère — une des rues les plus atta-

Fileur de verre, à Dinan.

Rue du Petit-Port.

chantes de Bretagne —, avait autrefois une grande importance économique, car elle conduit au port où transitaient les toiles fabriquées par les tisserands de Dinan (ils étaient 1 500 au début du 19e siècle).

Aujourd'hui, bateaux de plaisance, vedettes et sabliers fréquentent seuls la rivière, à proximité du Vieux-Pont (reconstruit vers 1923). Il suffit de le traverser et de tourner aussitôt à droite pour se retrouver sur le chemin de halage que surplombent les hauteurs de Lanvallay. Cette promenade à travers les **prairies de Léhon** est un enchantement. Elle conduit à l'abbaye de Léhon (v. à ce nom).

Si le visiteur choisit de rester à Dinan, il peut flâner le long des quais. A leur extrémité N., alors que la route s'apprête à grimper vers Taden, il apercevra sur sa gauche la belle propriété en terrasses de **La Grande Vigne** (1830), qui sera un jour ouverte au public. Une de ses dépendances, **La Vignette**, est d'ores et déjà aménagée en atelier d'artistes. Achetée par le peintre Yvonne Jean-Haffen en 1937, la propriété appartient désormais à la Ville de Dinan. La vie et l'œuvre de Mathurin Méheut (1882-1958) et d'Yvonne Jean-Haffen resteront à jamais unies en une symphonie par nature inachevée dont le point d'orgue eut La Grande Vigne pour somptueux décor. On lira avec bonheur le livret consacré à Yvonne Jean-Haffen par l'historienne Denise Delouche.

Au pied de cette demeure part le chemin qui conduit aux vallons de la **Fontaine-des-Eaux**. Ceux-ci abritèrent autrefois station thermale et moulins à eau. En poursuivant jusqu'au bout la promenade, on atteint la route de Dinard et le château de la Conninais (v. Taden).

Autre randonnée possible : la découverte pédestre des bords de Rance, en longeant le chemin de halage jusqu'à l'écluse du Châtelier (7 km en aval). Une excursion en vedette est également possible au départ de Dinan.

Plusieurs films ont été tournés dans la vieille cité. Citons, parmi les plus récents, *L'Inspecteur Lavardin* (1986) de Claude Chabrol, *Promis... Juré !* (1987) de Jacques Monnet et *Les Prouesses de Clément Dujar* (1990) d'Hervé Baslé.

DINARD (Ille-et-Vilaine)
A 22 km au N. de Dinan

Le nom de Dinard est plus mystérieux que celui de Dinan. Si les spécialistes y reconnaissent la racine celtique *din* (hauteur), ils se perdent en hypothèses sur la fin du mot. Il est peu vraisemblable qu'il faille y voir le mot breton *arzh* (ours), encore que l'ours puisse avoir une valeur symbolique chez les Celtes (ce qui est attesté par le nom d'Arthur).

Jusqu'au milieu du 19e siècle, Dinard est un humble village de pêcheurs, très fréquenté cependant puisque c'est le point de passage obligé pour traverser ici la rivière (la route de Saint-Brieuc s'arrêtait à Dinard). Ce petit port est alors rattaché au bourg de **Saint-Enogat**, plus à l'O. Mais le site privilégié de Dinard, son climat d'une extrême douceur et ses plages abritées vont bientôt attirer tout ce que la France et même l'Europe comptent de riches oisifs et de têtes couronnées.

Des financiers décident d'investir dans la station, et de très belles villas sortent alors de terre face à la mer ou à l'estuaire de la Rance. Un de ces financiers sera le Libanais Joseph Rochaïd,

En pages suivantes : *Dinard et l'estuaire de la Rance.*

Dinard : plage de l'Ecluse.

dont le nom a été donné à une des places de la ville. L'anglais devient la seconde langue de Dinard. C'est à qui aura la plus belle demeure pour y organiser les plus folles soirées mondaines. Un Américain du nom de Coppinger y fera même construire un château (le « Castel Coppinger »). Un premier casino y apparaît en 1877.

Dinard connaîtra son apogée entre 1885 et 1914 (Cristal-Hôtel en 1893 ; nouveau casino en 1902). Tous les grands noms de la Belle Époque, de lady Mond à Picasso, se précipitent à Dinard qu'une gare relie à la lointaine capitale en 1887. Debussy y crée son poème symphonique *La Mer* en 1904. Lawrence d'Arabie explore la région à bicyclette et fréquente même quelque temps une école de Dinard tenue par des jésuites. Félix Faure, Edouard VII et bien d'autres viennent y faire trempette ou conter fleurette au milieu des mimosas, des palmiers ou des tamaris. Et puis, le sable y est si doux et la mer si verte… C'est, d'ailleurs, Dinard qui va populariser le nom « Côte d'Émeraude », lancé par un écrivain local, Eugène Herpin, aux environs de 1889.

La ville est restée fidèle à sa vocation touristique et internationale. Mais elle a su diversifier ses attraits (centre équestre du Val-Pirée, golf, tennis, congrès). Dinard possède un superbe temple protestant (1871) et un petit **musée** situé près de l'église Notre-Dame. Elle offre surtout de fascinantes promenades au départ de ses plages. Au N., **la plage de l'Écluse**, située entre la pointe de la Malouine et la pointe du Moulinet, est la plus vaste. De là, on peut gagner, en suivant le rivage, la **plage du Prieuré**, au S.-E. (face à Saint-Malo), ce qui permet de saluer le casino, le palais des congrès, l'aquarium et, surtout, d'atteindre la promenade du Clair-de-Lune où s'est développée, bien à l'abri des vents, une étonnante végétation méditerranéenne (palmiers, agaves, eucalyptus). L'idéal est d'arpenter cette promenade un soir de pleine lune — et au printemps d'un amour —, quand les haut-parleurs d'un spectacle « Son et Lumière » y diffusent, justement, la *Sonate au clair de lune* de Beethoven. Du Prieuré, on atteint la pointe de La Vicomté (face à Saint-Servan).

Dinard : concours hippique.

Le barrage de la Rance.

Il ne faut pas oublier non plus — en partant toujours de la plage de l'Écluse mais dans la direction opposée —, de longer le rivage pour atteindre la plage de Saint-Enogat (voir la grotte de la Goule-aux-Fées, à marée basse) et celle de Port-Blanc. Chemin faisant, on saluera le « Pré aux Oiseaux », où vivait Judith Gautier, fille de l'écrivain Théophile. Fascinée par l'Extrême-Orient, la séduisante Judith choisit de jeter l'ancre à Dinard. Elle y mourut en 1917 et elle dort de son dernier sommeil dans le vieux cimetière de Saint-Enogat sous la sibylline protection de caractères chinois. Le romancier Roger Vercel acheta « Les Peupliers » en 1936.

L'accès de la station a été facilité par la construction du barrage de la Rance (1960-1966) et de son **usine marémotrice**. Mise en service total en 1967, elle produit quelque 600 millions de kWh annuels. Un pont amovible permet le passage des bateaux. Le site avait été choisi dès 1945 pour une raison bien connue : dans l'estuaire de la Rance, la marée est une des plus fortes d'Europe (13,50 mètres). La prouesse technique est réelle, mais l'environnement des bords de Rance a été transformé.

L'écrivain Anne de Tourville (née en 1910) vit aujourd'hui à Dinard. Son roman *Jabadao* a obtenu le prix Femina en 1951.

ERQUY (Côtes-d'Armor)
A 24 km au N.-E. de Lamballe

Erquy est un des tout premiers ports coquilliers de France (coquille Saint-Jacques, notamment). C'est aussi une station balnéaire très fréquentée... y compris par les écrivains (comme Jean Anouilh et Jean Raspail). Le **cap** — en grès rose pour l'essentiel —, est d'une saisissante beauté, avec ses landes et ses falaises abruptes (altitude maximale, 68 mètres).

Au-delà du hameau de Tu-es-Roc, les archéologues amateurs ne manqueront pas de rechercher les vestiges du **fossé Catuélan** (qui servait à protéger l'extrémité du

Cap d'Erquy.

cap en cas d'attaques). Il remonte à l'âge de fer et fut ensuite complété par le **fossé de Pleine-Garenne**, plus à l'E. Malgré leur origine attestée, ces fossés et ces levées de terre sont encore connus sous le nom de « camp de César ». On ne prête qu'aux riches.

A l'époque des Coriosolites (v. Corseul), Erquy s'appelait Nazado. Il y avait sans doute un *vicus* portuaire près de la pointe de La Houssaye. Sous les Romains, l'agglomération serait devenue Reginca. C'est du moins la tradition qui l'affirme, mais les spécialistes voient cette ville plus à l'est, très précisément à Alet (Saint-Servan) sur les bords de la Rance (v. à ce nom). En fait, Reginca aurait été à la fois le nom de la rivière et de son port principal.

A 5 km au S., le **château de Bien-Assis** (15e et, surtout, début 17e) possède encore murailles crénelées, douves, tours fortifiées et poivrières.

FORT-LA-LATTE

(Côtes-d'Armor)
A 42 km au N.O. de Dinan, en Fréhel

Dominant la Manche de plus de soixante mètres à l'E. du cap Fréhel, le fort est placé sur un îlot rocheux que deux ravins séparent du continent. Autant dire que la forteresse est difficilement prenable. En dépit des aménagements apportés à l'ouvrage, à la fin du 17e, par Siméon Garangeau pour l'adapter aux exigences nouvelles de l'artillerie, il est parvenu à la période contemporaine sans modifications considérables par rapport à son état d'origine (13e et 14e). Il a été restauré par la famille Joüon des Longrais qui en est propriétaire depuis 1931.

Fort-la-Latte porta longtemps le nom de château de la Roche-Goyon, du nom de la famille qui le posséda. Les Goyon-Matignon, seigneurs de la localité voisine,

En pages suivantes : *Fort-la-Latte.*

Le château de Bien-Assis.

Le cap Fréhel.

laisseront leur nom à l'hôtel où réside le Premier ministre. En 1731, un Goyon-Matignon épousa la dernière héritière des Grimaldi et devint, par ce fait, prince de Monaco. Le prince Rainier est son descendant.

L'allure inexpugnable du lieu ne découragea pas toujours les assiégeants. Les Ligueurs entrèrent dans la forteresse mais ne purent se rendre maîtres du donjon. En 1715, Jacques Stuart voulut s'en servir comme base pour une expédition contre le tenant du trône d'Angleterre, mais c'était sans compter avec le mauvais temps. Dernier siège, en 1815, quand les royalistes du comte de Pontbriand s'en emparèrent pour s'en faire déloger aussitôt.

Deux romans au moins se passent dans un Fort-la-Latte revu et corrigé par l'imaginaire : *La Châtelaine aux deux visages* (1957) de Simone Roger-Vercel et *Le Jeu du roi* (1976) de Jean Raspail.

En 1957, Richard Fleischer vint y tourner *The Vikings* (avec Kirk Douglas et Tony Curtis).

Près du fort, on verra un **menhir** effilé surnommé le « doigt de Gargantua ».

FRÉHEL (Côtes-d'Armor)
A 45 km au N.-O. de Dinan

Comme l'a bien écrit Bernard Colonne, la découverte du cap Fréhel est une révélation : « *C'est le choc, l'émotion forte, un sentiment confus de notre insignifiance devant un spectacle tout à la fois grandiose et tragique où l'eau, le roc et le vent se livrent un combat sans merci.* » Des falaises de porphyre et de grès rouge s'élèvent à quelque 70 mètres au-dessus du niveau de la Manche. L'**anse des Sévignés** unit le cap à Fort-la-Latte.

Une réserve naturelle d'oiseaux migrateurs occupe les rochers en grès rose de la petite et de la grande **Fauconnière**, à l'E. de la pointe. Goélands, mouettes, guille-

mots, cormorans viennent s'y reproduire sur des rocs et falaises aux allures fantastiques. C'est de la mer qu'on a le meilleur point de vue (vedette à Dinard ou à Saint-Malo). On peut aussi survoler la côte en hélicoptère (aéroport de Dinard-Pleurtuit).

Deux **phares** dominent l'ensemble. Le plus ancien — qui est aussi le plus petit —, fut mis en service au 17e siècle. La tour actuelle a été inaugurée en 1950. Par temps clair, elle porte à 100 km et, de l'étage où se trouve la lanterne, on découvre le littoral et — parfois — les îles Anglo-Normandes.

Plus à l'intérieur, **Plévenon** a cessé d'être une commune en 1971 (quand elle s'est associée à Pléhérel pour former Fréhel). Son église moderne (1886) recèle un singulier bénitier (personnages en

Le phare de Fréhel.

Ci-contre : *Plévenon : calvaire de la Roche-au-Cygron.*

Cap Fréhel : la Fauconnière.

relief). Le **calvaire de la Roche-au-Cygron** (15e ?) est un des plus beaux de la Côte d'Émeraude.

Bernard Colonne (1931), poète, grand voyageur et professeur de lettres, a jeté l'ancre à Plévenon.

LA GOUESNIÈRE

(Ille-et-Vilaine)
A 14 km au S.-E. de Saint-Malo

Cette bourgade du Clos-Poulet, à mi-chemin de la Rance et de la baie du Mont-Saint-Michel, possède plusieurs manoirs, mais la construction la plus

La Rance et Lanvallay (à droite).

intéressante est le **château de Bonaban**. Construit en 1776 par l'armateur Le Fer de La Sauldre, c'est un bâtiment plus important que les autres malouinières. Cette habitation était luxueuse. Chateaubriand nous dit qu'elle était célèbre par ses marbres apportés de Gênes et par « *sa magnificence dont nous n'avons même pas l'idée à Paris* ». Elle était « *ornée d'orangeries, d'eaux jaillissantes et de statues* ».

Les artistes Dodig et Georges Jégou vivent aujourd'hui à La Gouesnière.

LANCIEUX (Côtes-d'Armor)
A 20 km au N.-O. de Dinan

Lancieux est une sorte de grosse presqu'île séparée de Saint-Jacut par une baie et de Saint-Briac par l'estuaire du Frémur. Il ne faut pas confondre cette petite rivière avec

un autre Frémur qui se jette, lui, dans la baie de la Fresnaye. Les deux cours d'eau ont la même origine : les mots bretons *froud meur* (grand courant). Preuve de plus, s'il en fallait, que le breton a été parlé sur les rivages de la Côte d'Émeraude il y a quelque 1000 ans.

La commune doit son nom à un Britannique, Sieu, qui vint évangéliser la Bretagne en compagnie de son confrère Brieuc. L'église moderne (1902) lui est d'ailleurs dédiée, et deux vitraux rappellent des épisodes de son existence. Dans ce même sanctuaire, un **bénitier** creusé dans une pierre milliaire du 4e siècle comporte une inscription en latin. Dans le cimetière se dresse le clocher (1740) de l'ancienne église.

L'abbé Auguste Lemasson (1878-1946), historien du pays de Dinan, était né à Lancieux. L'écrivain anglo-canadien Robert W. Service (1874-1958) est mort et enterré à Lancieux où il vécut par intermittence pendant une quarantaine d'années. On pourra voir sa villa (« Avel Brao ») sur la côte... ou lire son roman policier *The House of Fear* (1927) situé dans la région.

En allant vers Ploubalay, nous saluerons le **moulin à vent** de Buglais.

LANGROLAY-SUR-RANCE

(Côtes-d'Armor)

A 13 km au N.-E. de Dinan

La commune possède quelques témoignages du passé dignes d'être salués : la croix de la Ville-Daniou (non datée), l'église (début 18e) et, surtout, le **château de Beauchêne** (18e). Celui-ci suscita le lyrisme de l'historien local M.-E. Monier : « *Il émane de cette propriété une sensation de repos et de quiétude. Les hauts peupliers chantent sous le vent ; dans une allée à l'est, la voûte de feuilles laisse passer des filets de lumière qui s'étalent en tremblant sur le sentier moussu, et des oiseaux peuplent les branches...* »

Celui qui l'avait fait construire, Jacques Goüin de Beauchêne (1652-1730), était un grand navigateur malouin. Il visita les îles Malouines (Falklands), au large de l'Argentine, dès 1699.

Langrolay vaut surtout par ses **sites** des bords de Rance (pointe du Châtelet, grève du Morlet).

LANVALLAY

(Côtes-d'Armor)

A 2 km à l'E. de Dinan

Lanvallay n'a pas eu de chance : face à Dinan, son orgueilleuse jumelle — qui lui fait la nique de l'autre côté de la Rance —, la commune paraît avoir peu de trésors à offrir. C'est, pourtant, du **site** exceptionnel de Lanvallay que le voyageur peut le mieux apprécier le val de Rance et la cité médiévale. Les meilleurs belvédères sont sans doute le **Mont-en-Val**, **Lande-Boulou** ou encore **Château-Monteith**, britannique demeure dont l'immense verrière intrigue depuis le jardin Anglais de Dinan. Au Moyen Age, ces hauteurs étaient connues pour leurs vignobles.

Tout en contrebas, sur les bords de la Rance, **La Courbure** a longtemps été un des lieux privilégiés pour les pique-niques dominicaux. Le nom, attesté dès 1635, vient d'une courbe de la rivière qu'il fut facile d'abandonner à ses roseaux quand des travaux vinrent régulariser le cours de la Rance aux environs de 1828. Dommage qu'une usine, construite en Taden, enlaidisse aujourd'hui ce site exceptionnel.

Même au point de vue architectural, Lanvallay possède des monuments de quelque intérêt dont le **château de Grillemont** (16e, 18e et 19e) sur les hauteurs de Lande-Boulou, divers manoirs et la tour-pigeonnier de la Croix-Rolland (17e). Le vieux **quartier de la Madeleine** dégringole vers la rivière.

Léhon.

seilla de se procurer d'abord de saintes reliques. Les religieux ne se firent pas prier et partirent pour l'île de Sercq (l'une des îles Anglo-Normandes). De nuit, ils emportèrent la dépouille de saint Magloire, évêque de Dol, qui s'était retiré dans l'île à la fin de ses jours (v. aussi Pleudihen-sur-Rance)... Il convient cependant de le rappeler : cette belle histoire repose sur une *Vie de saint Magloire* écrite quelques siècles après les faits.

Le monastère, dont les parties les plus anciennes datent du 12e, connut des fortunes diverses. Déserté par les moines avant la Révolution, il devint lieu d'ébats pour la jeunesse d'alors. Filature ensuite, il fut restauré à la fin du 19e. Vers 1834, les frères de Saint-Jean de Dieu avaient plus ou moins songé à en faire un hôpital psychiatrique ; ils le construisirent à Léhon (au lieu-dit **Les Bas-Foins**) c'est-à-dire plus à l'O. : la proximité de la rivière aurait pu donner de mauvaises idées aux pensionnaires ! La première pierre de l'hôpital psychiatrique fut posée en 1836.

L'abbatiale, restaurée de 1885 à 1897, est du 13e. Elle possède d'anciennes stalles avec panneaux de bois peint des 17e et 19e, plusieurs pierres tombales des 14e et 15e et un bénitier (13e ?). La chapelle Beaumanoir (sacristie) contient les vestiges de ce qui serait le plus ancien **vitrail** de Bretagne (milieu 13e). On peut visiter le cloître voisin (17e) et le **réfectoire** (14e, remanié au 17e). Le **portail** (12e) de l'ancienne église paroissiale se trouve dans le jardin jouxtant l'abbatiale.

A la suite des romans de Raoul de Navery (v. Saint-Hélen et La Vicomté-sur-Rance), la tradition populaire a fait des moines du lieu les détenteurs d'un trésor. Personne n'a rien trouvé, mais l'idée est

Les habitants de la commune s'appellent... les Cotissois. Cette appellation vient d'un mot gallo qui signifie digitale (plante fréquente au pays de Rance). Sur l'origine du nom Lanvallay, v. Ploubalay.

LÉHON (Côtes-d'Armor)
A 1,5 km au S. de Dinan

Il était une fois six hommes d'Église en quête d'un monastère à fonder. Survint Nominoë, alors duc de Bretagne, qui leur con-

Léhon : ancienne abbatiale.

Cloître du XVIIe siècle.

Matignon : portail roman de Saint-Germain.

tenace, comme celle qui voit partir des sous-sols un réseau de souterrains. Une de ces voies aurait relié l'abbaye au fort en ruines qui la surplombe. Les comtes de Dinan succédèrent aux Romains qui, les premiers, avaient fortifié la **butte Saint-Joseph** qui commandait le passage de la Rance.

Le château fut assiégé par Henri Plantagenêt en 1168, mais sans succès. Obstiné, celui-ci revint l'année suivante et réussit à s'emparer de la forteresse, très touchée par les combats. Elle fut reconstruite, et ce sont les ruines de ce château de l'extrême fin du 12e ou début 13e que l'on voit aujourd'hui. Son agonie commença dès la fin du 15e. C'est au pied de ce château que Flaubert — toujours prompt à s'émouvoir devant un frais minois —, déclara avoir rencontré « *des petites filles impudiques et impudentes* ».

A 2 km à l'O., dans le hameau du Saint-Esprit, se dresse un **calvaire** sculpté (7 m de haut). Il daterait du milieu du 14e.

Une route longeant la rive de la Rance, en amont du pont à dos d'âne construit à l'instigation des moines, conduit au **château du Chesne-Ferron** (16e-19e), demeure romantique à souhait qui surplombe la rivière, en **Saint-Carné**.

A **Calorguen**, au S., le manoir de La Ferronays a été reconstruit en 1569.

MATIGNON (Côtes-d'Armor)
A 25 km à l'O. de Dinard

La commune est moins connue que l'hôtel qui, à Paris, porte son nom. La famille de Matignon ou de Goyon-Matignon est un des grands noms de l'histoire de France... et de Monaco (v. Fort-la-Latte).

Matignon possède au moins deux manoirs dignes d'intérêt : le manoir de la Vigne (16e) et, surtout, le **manoir de la Chesnaye-Taniot** (17e). Saint-Germain-de-la-Mer fut, pendant longtemps, le nom de la commune. L'appellation survit au hameau de **Saint-Germain**, au N., qui donne sur la baie de la Fresnaye. La vue sur le cap Fréhel y est superbe, et on en profitera pour se rendre à la vallée des anciens moulins de mer. On notera dans la

chapelle Saint-Germain (fin 19e) les vestiges d'un porche roman de l'ancienne église.

Le médecin de la famille impériale sous Napoléon III, Antoine Jobert (1799-1867), était né à Matignon ; il devint fou à la fin de sa vie. Autre illustration locale : le peintre et ethnologue Paul Sébillot (1843-1918) qui a recueilli légendes et coutumes de Haute-Bretagne… et d'ailleurs.

LE MINIHIC-SUR-RANCE
(Ille-et-Vilaine)
A 7 km au S.-E. de Dinard

En breton, *minic'hi* signifie refuge, territoire monastique. Ce nom atteste donc le caractère très ancien d'un établissement religieux — sans doute modeste —, dans ce village des bords de Rance.

Faisant face à la presqu'île de Saint-Suliac, Le Minihic comporte lui-même quelques endroits charmants : La Landriais, promenade des Hures, pointe de la Trégondé. Un Pardon de la mer s'y déroule en août, car ici chacun se sent marin, même si les choses ont quelque peu changé depuis qu'Adolphe Orain écrivait en 1882 : « *Tous les jeunes gens de la commune du Minihic sont encore marins ou charpentiers de marine.* »

C'est au Minihic que naquit le P. Louis Lebret (1897-1966), qui fut officier de marine avant de devenir dominicain. Les frères Jérôme et Jean Tharaud (1874-1953/1877-1952), de l'Académie française, passaient leurs vacances au Minihic, dans leur propriété des « Auffenays ».

PLANCOËT (Côtes-d'Armor)
A 16 km au N.-O. de Dinan

Plancoët (paroisse du bois, en breton), sur les bords de l'Arguenon (v. à ce nom), garde le souvenir du jeune Chateaubriand. Dans ses *Mémoires d'outre-tombe*, l'écrivain raconte qu'il y subit son « premier exil » chez sa grand-mère. La maison existe toujours à l'entrée de l'agglomération sur la route de Corseul. A proximité, on verra la curieuse **maison du dôme** (16e).

Les environs étaient également habités par la famille maternelle de Chateaubriand, les Bedée. Chateaubriand rapporte qu'à l'âge de sept ans, il fut conduit à la **chapelle Notre-Dame de Nazareth**, à l'E. Ce sanctuaire est lieu de pèlerinage depuis 1621. En curant une

Plancoët.

fontaine, des ouvriers trouvèrent une statue brisée (13e) de la Vierge. Ils la reconstituèrent, mais un abruti la rejeta dans la fontaine. Alors, diverses manifestations se produisirent : des gémissements montèrent de l'excavation ; un cheval s'agenouilla, et des guérisons furent enregistrées.

Le sanctuaire date de 1892. Il fut construit sur l'emplacement d'une chapelle du 17e (dont il reste le clocher) élevé près d'un couvent de dominicains. A l'origine, le lieu s'appelait Nozaret ; c'est par assimilation qu'il devint Nazareth.

Près de là, une source connaît une exploitation commerciale (eau de Sassay). Les millions de bouteilles vendues chaque année concourent, avec une discrète efficacité, au maintien de la sobriété.

A l'O. de Nazareth, tertres de la Janière et de Brandefer (91 m d'altitude).

Un Plancoëtain, Pacifique Bossuet, né en 1814, publia de nombreuses fables à la manière de La Fontaine... avec le génie en moins. Bien que née à Morlaix, l'écrivain Marie-Paule Salonne (1902-1947) a surtout vécu à Plancoët.

PLÉBOULLE

(Côtes-d'Armor)
A 29 km à l'O. de Dinan

Pléboulle est admirablement située à l'extrémité de la baie de la Fresnaye. Toute la côte recèle de très beaux sites, pour qui du moins sait prendre le temps de les découvrir, notamment aux alentours du **Port-à-la-Duc** et de la pointe de Crissouët (v. aussi Matignon).

L'église Saint-Paul date en partie du 18e et possède un mobilier intéressant (dont un bénitier classé). Plus séduisante, cepen-

Ci-contre : *Plancoët : maison du dôme.*

Pléboulle : chapelle du Temple.

Eglise de Pléboulle : le bénitier.

dant, est la chapelle **Notre-Dame du Temple**, au S., dans le village du même nom. L'édifice faisait partie d'une commanderie de templiers. Ce sanctuaire du 14e contient de beaux vitraux modernes et diverses statues (dont une Vierge polychrome). Selon une légende, une des trois Vierges à l'Enfant aurait versé des larmes quand elle vit apparaître des soldats anglais lors de la bataille de Saint-Cast (v. à ce nom).

A l'O. coule le discret Frémur (sur l'étymologie de ce nom, v. Lancieux). Campé sur les bords de la voie romaine Carhaix-Corseul, le **château de Montbran** est en réalité une tour polygonale en ruines (début 13e). C'est un des vestiges les plus anciens de la région. Une foire annuelle, la foire du Temple — dont l'origine remonte au Moyen Age —, se déroule en septembre au pied de la tour. Elle durait jadis jusqu'à dix jours !

Au S., la chapelle Notre-Dame du Hirel, en **Ruca**, date pour l'essentiel du début 16e. A **Saint-Pôtan**, plus à l'E., on pourra voir les châteaux de la Ville-Even (17e) et du Vauméloisel (début 18e).

PLESLIN-TRIGAVOU

(Côtes-d'Armor)

A 9 km au N. de Dinan

Le nom Pleslin vient peut-être du breton *lenn* et signifierait alors paroisse de l'étang. Et il y a, en effet, un petit lac sur la commune. L'église, sans intérêt majeur, recèle quelques pièces riches de mobilier liturgique et des fonts baptismaux anciens (13e).

A proximité (en venant de Dinan, tourner à gauche vers la Ville-Crochu), 65 **menhirs**, placés sur cinq lignes, occupent l'espace d'un sous-bois au champ du Rocher.

A l'O. se trouve l'agglomération de Trigavou. Faut-il voir dans ce nom la présence d'une chèvre (*gavr* en breton) ? Toujours est-il que les **sablières** de l'église racontent une course poursuite entre une chèvre et un loup. Et c'est, assure la tradition, la chèvre qui prit le loup. Le sanctuaire, bâti à partir de 1310, a été modifié au 17e. Il recèle un chef-reliquaire de sainte Brigitte (fin 17e).

Le long du mur extérieur S., on voit les pierres tombales des châtelains du **Bois-de-la-Motte**. Cette demeure, située à l'O. du bourg du Trigavou, offre l'aspect d'un manoir symétrique qui, pour l'essentiel, est du 17e. Les fossés qui l'entourent rappellent que ses premiers bâtisseurs le conçurent comme une forteresse.

PLEUDIHEN-SUR-RANCE
(Côtes-d'Armor)
A 11 km au N.-E. de Dinan

Pleudihen est, depuis des siècles, connu pour son cidre. Il y a, d'ailleurs, un **musée du cidre et de la pomme**. Selon la tradition, les moines de Léhon (v. à ce nom), de retour de l'île de Sercq, s'arrêtèrent sur les bords de la Rance pour se reposer. Ils avaient déposé les reliques de saint Magloire entre les branches d'un pommier de Pleudihen qui, alors que c'était l'hiver, se mit aussitôt à produire des fruits.

A l'O., près des bords de Rance, on atteint les **grèves de la Ville-Ger**, naguère réputées pour leurs coques, et la « plaine » ou **cale de Mordreuc** qui fait face aux tours du Chêne-Vert (v. Plouër).

L'écrivain Jean Mordreuc (1908-1982) était né à Pleudihen. On lui doit des nouvelles et des romans. L'historien André Mussat (1912-1989) — spécialiste incontesté de l'art en Bretagne —, avait jeté l'ancre à Pleudihen.

PLEURTUIT (Ille-et-Vilaine)
A 6 km au S. de Dinard

La commune est importante (4 500 habitants environ) et très ancienne (comme l'indique son nom d'origine bretonne dont le sens reste incertain). Aujourd'hui, on associe volontiers Pleurtuit à son **aéroport**, ce qui est injuste. La ville possède diverses richesses, dont des manoirs et, surtout, une luxueuse malouinière, le **château de Montmarin** (18e), remarquable pour sa toiture

Aéroport de Pleurtuit.

à l'italienne, sa somptueuse décoration intérieure et ses jardins à la française. C'est une des rares malouinières de la rive gauche.

Côté Rance, Pleurtuit et ses environs furent jadis un haut lieu de la construction navale célèbre pour ses bisquines (v. Cancale). Les temps n'étant plus ce qu'ils étaient, on s'en consolera à la **pointe de Cancaval** ou à la **cale de Jouvente**. Ici, écrivait M.-E. Monier en 1956, « *tout est beau comme la jeunesse avec une légère teinte de nonchalance et de poésie romantiques* ». Il n'est pas interdit de faire une halte au pub.

Né à Saint-Malo, le médecin François Broussais (1772-1838) a passé son enfance à Pleurtuit (v. aussi Dinan).

Bien que né à Plérin, près de Saint-Brieuc, le grand aviateur Marcel Brindejonc des Moulinais (1892-1916) vécut une partie de sa brève existence à Pleurtuit. Il y repose... près de l'actuel aéroport.

PLOUBALAY

(Côtes-d'Armor)
A 3 km au S. de Lancieux

Ploubalay est une grosse et riche commune agricole, également connue pour ses courses hippiques... et son château d'eau-restaurant (104 m), d'où la vue est superbe. La commune possède divers châteaux, dont le plus intéressant est celui de **La Coudraye** (1729).

Balay n'est pas un des saints bretons les plus célèbres. On retrouve son nom dans la commune de Lanvallay, près de Dinan.

Totalement enclavée dans Ploubalay, **Plessix-Balisson** est, après Castelmoron-d'Albret (Gironde), la plus petite commune de la France continentale avec 8 hectares 26 ares 80 centiares. Elle compte 94 habitants, ce qui fait d'elle la moins peuplée du pays de Dinan et de la Côte d'Émeraude. L'église (1919) conserve une porte du 15e.

PLOUËR-SUR-RANCE

(Côtes-d'Armor)
A 10 km au N.-E. de Dinan

Les hommes du pays de Plouër (paroisse de saint Hern, en breton ?) étaient jadis réputés

Bords de la Rance, en contrebas de la Souhaitier.

comme marins. Ce qui ne les empêchait pas d'avoir les pieds sur terre et d'être, aussi, d'excellents artisans. Les charpentiers savaient aussi bien fabriquer un doris que monter un toit. Certains d'entre eux connaissaient même la manière de tirer parti des bois précieux pour en faire des violons.

L'église (fin 18e) possède deux pierres tombales du 14e ; le château est de la fin 17e. Il y eut jadis un temple protestant à Plouër, construit à la fin du 16e et démoli vers 1664 par le clergé catholique : la commune était un centre huguenot actif. Mais l'attrait principal de la localité vient de son voisinage avec l'**estuaire de la Rance**. Dominant la rivière face à la « plaine »

La Souhaitier.

Ci-contre : *Pluduno : le château de Monchoix.*

de Mordreuc, les **tours du Chêne-Vert** semblent surgir d'un roman d'Ann Radcliffe.

Ces tours venaient d'être restaurées quand le pianiste Henri Kowalski (1841-1916) s'installa à proximité (château de Vaucarheil) vers 1866. Selon Gabriel-Louis Pringué, ce musicien parisien de père polonais — mais de mère dinannaise —, fut le dernier élève de Chopin. Au dire du mémorialiste, il avait un grand sens de l'œcuménisme. Il enseignait la musique à Dinan, accompagnait les offices catholiques et d'autres qui l'étaient moins... Car « *à cette époque le sous-préfet qui régnait à Dinan se prouvait un rude gaillard. Il priait Kowalski à de grands déjeuners d'hommes. Le repas terminé, le sous-préfet sortait sur le perron du jardin de la sous-préfecture et sonnait du cor de chasse en une retentissante fanfare. La maison de plaisir entendait l'appel. Elle envoyait immédiatement des dames accueillantes et expertes pour distraire les convives après l'excellent repas. Kowalski se mettait au piano ; il improvisait de voluptueuses musiques concordant avec les entrechats de ces messieurs et de leurs partenaires de la joviale maison* ». Mais où sont les neiges d'antan ?

Le pont Saint-Hubert (1959) et le **pont Chateaubriand** (1991) enjambent un étranglement de la Rance et relient Plouër et Taden à La Ville-es-Nonais (v. ce nom). Ils offrent, en outre, un magnifique point de vue sur la rivière qui, côté S., s'étale largement et forme la « plaine » de Mordreuc, entendons la plaine marine qui s'étale avec indolence entre Plouër, La Ville-es-Nonais et Pleudihen.

Plus au N., le **sanctuaire marin de la Souhaitier**, face à Saint-Suliac, est encore le lieu d'un Pardon en août. Il s'agit d'un lieu de pèlerinage très ancien : l'actuelle chapelle date de 1868, mais la précédente remontait à 1670. Ce qui prouve combien la vallée de la Rance — jusqu'à Dinan —, fut pendant des siècles tournée vers la mer.

Le sculpteur Louise Leroux-Druet, née à Dinan en 1898, est également écrivain : un de ses romans, *A deux pas de la cale* (1958) — signé Elisa Mauny —, évoque Plouër et les bords de la Rance. Né à Dinan, le peintre Pierre Rochereau (1910) vit aujourd'hui à Plouër.

Au N.-O. du centre de Plouër, le **roc de Lémon** (ou Lesmont) a des vertus matrimoniales. Les demoiselles qui y font des glissades sur leur culotte de baptême ont des chances de trouver un mari dans l'année. Il n'est pas interdit d'essayer, de préférence une nuit de pleine lune.

PLUDUNO (Côtes-d'Armor)
A 21 km au N.-O. de Dinan

Tout le monde connaît — ou devrait connaître —, l'évocation

que Chateaubriand a fait du **château de Monchoix** dans les toutes premières pages des *Mémoires d'outre-tombe.* C'était là, en effet, que vivait sa famille maternelle, les Bedée de la Bouëtardais.

« *Le château du comte de Bedée,* écrit-il, *était situé à une lieue de Plancoët, dans une position élevée et riante. Tout y respirait la joie ; l'hilarité de mon oncle était inépuisable* (...) *Monchoix était rempli des cousins du voisinage ; on faisait de la musique, on dansait, on chassait, on était en liesse du matin au soir* (...) *Passer de Combourg à Monchoix, c'était passer du désert dans le monde, du donjon d'un baron du Moyen Age à la villa d'un prince romain.* »

Le château de Monchoix (1759) fait toujours l'orgueil de Pluduno qui, par ailleurs, possède un manoir du 16e, **Bois-Feuillet.**

LE POUDOUVRE
(Côtes-d'Armor)

Il s'agit d'une vaste région comprise entre la Manche au N., l'Arguenon et la Rieule à l'O. et la Rance à l'E. Seule sa frontière S. paraît incertaine. Son nom est associé à ses rivières (*pagus daoudour*, pays des eaux) et correspond au *pagus aquensis* des Gallo-Romains. Le terme Poudouvre recouvre donc en partie l'appellation pays de Dinan — cette ville en est, du reste, la capitale —, mais elle exclut toute la rive droite de la Rance. Peu utilisé aujourd'hui, il semble plutôt réservé à l'intérieur des terres qu'au littoral.

Le Poudouvre est, certes, francophone ou gallophone (avec bien des dialectes) depuis un millénaire. Mais divers toponymes indiquent qu'il n'en fut pas toujours ainsi. Des noms comme Arguenon, Frémur (v. Lancieux), Pleurtuit, Plouër, Taden, Calorguen, Aucaleuc, Quévert, Créhen, Languenan, Trigavou sont, à l'évidence, d'origine bretonne ou celtique, même si leur sens n'a pas toujours été explicité. Le nom Dinan serait d'origine celtique — on le retrouve en Belgique —, et signifierait hauteur ou site défensif (v. aussi Dinard).

La Rance à Chantoiseau, en Saint-Hélen.

En pages suivantes : *La Rance, près du Châtelier.*

LA RANCE

Côtes-d'Armor ? Ille-et-Vilaine ? Faites pour régner, les divisions administratives sont artificielles, alors que, sur ces bords de Rance, rien ne différencie les deux départements. D'autant que ce qui aurait pu être une frontière naturelle — la rivière —, unit ici plus qu'elle ne sépare la terre du Poudouvre et le Clos-Poulet. Fausses jumelles, la rive gauche et la rive droite se répondent et se complètent, dans un chatoiement de couleurs où le vert prédomine. Il n'est, dès lors, pas exagéré de parler ici d'une entité, d'une « civilisation » différente qui, au fil des siècles, s'est développée dans ce fjord

La Rance, à Livet.

d'émeraude, dans cette balafre naturelle de la terre et du roc.

La vallée n'est semblable à nulle autre puisqu'on y trouve un double courant : celui de la rivière vers son estuaire et celui de la marée — une des plus fortes du monde —, vers l'intérieur des terres. Sa naissance est évidemment liée à la longue histoire géologique de l'Armorique (période glaciaire suivie d'une élévation du niveau de la mer qui s'engouffra vers le sud). Pour l'essentiel, les rives sont composées de gneiss, à l'exception d'une longue langue de schistes qui coupe la région en diagonale, de Langrolay à Cancale.

Le sens de Rance est inconnu, mais l'origine du nom pourrait être Reginca (v. Erquy) qui serait devenu « Renc » vers le 9e siècle.

Née à Collinée, dans les landes du Méné, au cœur de la Bretagne orientale, la Rance (80 km) n'est d'abord qu'un simple ruisseau. Il lui faut quelque temps avant de devenir rivière, encore que la retenue artificielle de Rophémel lui donne, aux alentours de Guitté, une éphémère vigueur. C'est à Evran, à sa jonction avec le canal d'Ille-et-Rance, que la Rance commence à s'élargir, soutenue par les eaux du Guinefort et de la Linon. Passé la courbe de Tressaint (Pont-Perrin), elle file vers l'écluse de Léhon puis, « *dans la fissure verte d'un plateau escarpé* », se glisse entre Dinan et Lanvallay. D'ici à son estuaire, elle va baigner 17 communes. Sur la rive gauche Dinan, Taden, Saint-Samson, Plouër, Langrolay, Le Minihic, Pleurtuit, La Richardais et Dinard. Sur la rive droite, Lanvallay, Saint-Hélen, La Vicomté, Pleudihen, La Ville-es-Nonais, Saint-Suliac, Saint-Jouan et Saint-Malo (v. à ces noms).

A partir de Léhon, la Rance devient maritime. Ou du moins l'était-elle pleinement jusqu'à la construction de l'usine marémotrice. La marée refluait alors

La Ville-es-Pois et Le Châtelier (en face).

En pages suivantes : *La Hisse.*

jusqu'au pays de Dinan, et il n'était pas rare de pêcher des crevettes au pied du Jerzual. Pendant des siècles, la mer et la rivière ont rythmé la vie quotidienne de ce terroir. Il est difficile d'imaginer aujourd'hui l'activité fébrile qui, pendant si longtemps, régna sur les quais et le chemin de halage. C'est par la Rance qu'arrivaient et repartaient les marchandises. C'est par la Rance que Dinan était en contact avec la côte, les îles Anglo-Normandes et les plus lointains horizons.

Pendant de nombreux siècles, la Rance fut la route obligée des barbares, conquérants, missionnaires, marchands, « routiers et capitaines ». Et c'est par cette « voie royale », selon le joli mot de Gérard Malherbe, que les croisés de Dinan partirent pour la Terre sainte ou que, beaucoup plus tard, les jeunes garçons du pays — de Pleudihen, de Plouër ou de Saint-Hélen —, remontèrent la Rance pour devenir mousses ou marins.

Le niveau de l'eau n'étant pas le même qu'aujourd'hui, des gués ou des ponts sommaires permettaient de traverser la Rance à pied (presque) sec, par exemple à hauteur de l'actuel Asile des Pêcheurs, en Taden (qui fut, en réalité, un port fluvial important). La navigation en Rance était alors beaucoup plus délicate qu'aujourd'hui, car des travaux ont corrigé çà et là le cours anarchique du fleuve (comme en témoigne la longue agonie de certains méandres oubliés, gagnés par la vase et les roseaux).

Après Dinan — la plus belle ville de Bretagne —, la Rance devient peu à peu une véritable ria encaissée, surplombée de part et d'autre par des collines parfois escarpées où, nous dit François Ménez, « *une riche nature s'épanouit, moins bretonne que normande, toute de placidité grasse, avec des vergers et des herbages* ». Mais il arrive aussi à la Rance de paresser et de s'étaler

en une sorte de lac quand les rives se font moins sévères. On parle alors de « plaine » (la plaine de Taden, la plaine de Mordreuc). Puis, au-delà d'un ultime moutonnement de collines — et si l'on veut bien fermer les yeux en franchissant le morne barrage —, voici la majestueuse arrivée sur la Côte d'Émeraude où l'œil perçoit déjà deux joyaux au charme différent : Dinard et Saint-Malo, « *comme une nef en partance, tout près de rompre ses amarres avec le continent* ».

Il ne suffit pas de remonter la Rance en vedette — ou de la survoler en hélicoptère —, pour la connaître. Il faut aussi arpenter à pied le chemin de halage ou la rive (quand cela est, du moins, possible). Chaque perspective est différente. Chaque grève a son charme, chaque crique a son mystère. Et chaque saison, bien sûr, apporte sa luminosité sur un décor naturel lui-même constamment renouvelé. Çà et là, d'humbles ou de prestigieux témoignages de la présence humaine attirent le regard : menhirs, églises, chapelles, châteaux, tours, ermitages, malouinières. Il faut une vie pour découvrir toutes les richesses de la vallée enchantée. Il en faut beaucoup moins pour se laisser séduire. En soi, pourtant, rien de très spectaculaire. Ici, la beauté ne cherche pas à se hisser vers les cimes : elle reste à hauteur d'homme.

La cale de Mordreuc et le Chêne-Vert.

LA RICHARDAIS
(Ille-et-Vilaine)
A 4 km au S.-E. de Dinard

Cette commune est la première que le flâneur rencontre en descendant du barrage de la Rance vers le sud. Ces rivages étaient jadis très animés, car la construction navale était l'activité essentielle.

L'église est décorée de fresques (1953) de Xavier de Langlais. Le manoir de la Motte est habité par Charles Dédéyan (né en 1910), critique littéraire. Ceux qui ne s'intéressent ni à l'art ni à la littérature pourront se rendre à la **pointe de la Goujeonnais**.

Les Sables-d'Or.

En pages suivantes : *Saint-Briac.*

SABLES-D'OR-LES-PINS
(Côtes-d'Armor)
A 42 km au N.-O. de Dinan

Bien finaud qui saurait dire si Sables-d'Or fait partie de la Côte d'Émeraude… ou de la côte de Penthièvre (appellation plus récente). La commune est, certes, plus proche de Lamballe que de Saint-Malo, mais c'est pourtant un Malouin, Roland Brouard (1887-1934) qui a créé de toutes pièces cette station balnéaire aux environs de 1922. Mais ce coin de rivage est habité depuis longtemps, puisque même la présence de Gallo-Romains est attestée.

Brouard se ruina dans l'opération qui, pourtant, fut un succès. Bernard Colonne nous a décrit les premiers jours de Sables-d'Or : « *En 1925, la station est ouverte : hôtels, casinos, golfs, tennis, clubs hippiques, que fréquente une clientèle huppée et vite internationale. Un théâtre de verdure fonctionne où ne dédaignent pas de venir jouer des comédiens comme Pierre Fresnay et Yvonne Printemps…* »

Au S.-E., **Plurien** possède une **église** d'origine romane mais qui a été très restaurée au 14e et, plus encore, au 19e. La chanteuse, peintre et poétesse Maripol est née à Plurien en 1945. Elle vit aujourd'hui à Fréhel.

Saint-Benoît-des-Ondes.

SAINT-BENOÎT-DES-ONDES
(Ille-et-Vilaine)
A 8 km au S. de Cancale

Nous sommes ici à la frontière — marquée par le cours d'eau appelé Biez Jean —, entre le Clos-Poulet et le pays de Dol. Situé sur la baie du Mont-Saint-Michel, Saint-Benoît fait déjà partie de ce grand « marais » dont les habitants étaient jadis appelés des « maraous ». De très nombreux **moulins à vent** agrémentaient alors le paysage. A Saint-Benoît, ils ont tous disparu.

C'est un monastère de Saint-Benoît, créé au Moyen Age, qui donna son nom à la commune. L'église est de la fin 18e et la chapelle Sainte-Geneviève du 16e.

Dans le nom Biez Jean, on retrouve le mot d'ancien français *biez* (qui a donné bief).

SAINT-BRIAC-SUR-MER
(Ille-et-Vilaine)
A 26 km au N.-O. de Dinan

Cette commune, qui doit son nom... à saint Briac (v. Saint-Lunaire), est une coquette station balnéaire formée par une ria à l'embouchure du Frémur. On a une belle vue sur le port depuis le jardin Armel-Beaufils.

Les points de vue ravissants ne

Saint-Cast : pointe de la Garde.

manquent d'ailleurs pas, et le **balcon d'Émeraude** constitue une élégante corniche. La commune possède de belles plages dont le Béchay, la Salinette et Port-Hue. Malgré son style roman, l'**église** est moderne, mais son clocher date du 16e. Un pont franchit le Frémur et permet d'atteindre Lancieux.

Le traducteur de Soljenitsyne, Georges Nivat, spécialiste de littérature russe, passe ses étés à Saint-Briac au moulin de Pont-Martin. Coïncidence ? Le grand duc Wladimir de Russie, héritier des tsars, vit également à Saint-Briac. La famille impériale y habite depuis 1921.

Né à Saint-Briac, Henri Le Saux (1910-1973) devint moine en Bretagne avant de partir pour les Indes. On lui doit plusieurs livres sur la spiritualité hindoue.

SAINT-CAST-LE-GUILDO

(Côtes-d'Armor)
A 20 km au N.-O. de Dinan

Lancée à la Belle Époque, comme Dinard, la station de Saint-Cast a cependant connu un développement un peu plus tardif et, surtout, moins spectaculaire. C'est que sa rivale bénéficiait à la fois de la proximité de Saint-Malo et de

Le château du Guildo.

La Grande Plage.

Dinan... et d'une gare de chemin de fer.

Saint-Cast n'a pourtant rien à envier à Dinard, et de grands artistes — comme Bernard Buffet ou Julien Gracq —, ne s'y sont pas trompés. La commune dispose de plusieurs plages, dont la principale s'étire sur 2 kilomètres entre la **pointe de la Garde** et la pointe de Saint-Cast. On pourra se rendre à la **table d'orientation**, à proximité de cette dernière.

La commune est bicéphale : au N., la station balnéaire de Saint-Cast et au S., Notre-Dame-du-Guildo (du breton *goueled*, partie

Pointe de la Garde.

basse), paisible hameau — un tantinet plus terrien —, des bords d'Arguenon.

Au 18e siècle, Saint-Cast fut le théâtre d'une bataille importante. Le 11 septembre 1758, les Français y remportèrent une victoire sur les Anglais et les Gallois (ces derniers peu enclins à en découdre avec les Bretons). Certains mettent en doute le rôle exact joué par le duc d'Aiguillon, gouverneur de Bretagne, qui était censé diriger les troupes contre l'envahisseur. Selon La Chalotais, procureur du parlement de Bretagne, « *l'armée française s'est couverte de gloire et le duc d'Aiguillon de farine* ». Le magistrat entendait que le chef militaire contait fleurette à une meunière pendant le déroulement des opérations, car le duc avait établi son Q.G. dans un moulin. Que celui qui n'a jamais péché...

C'est à la pointe de la Garde que Julien Gracq retrouva « *cette netteté mordante des lignes qui est celle d'un jardin après l'arrosage du soir, ce giselé japonais où la mouillure du feuillage et du roc ne se laisse embuer d'aucun atome de brume* ».

Sur la rive gauche de l'Arguenon, on trouve des **pierres sonnantes** ; il s'agit de galets d'amphibole qui tintent quand on les frappe avec un autre minéral. Sur la rive droite (c'est-à-dire, en fait, sur la commune de Créhen) dorment les vestiges — en cours de restauration — du **château** du Guildo. C'est dans cette forteresse du début 15e que vivait le jeune prince Gilles de Bretagne. Elevé à la cour d'Angleterre, il décida de s'installer au Guildo et mena joyeuse vie avec des amis britanniques. Par ses idées, il s'opposa

à son frère le duc François Ier. Considérant que Gilles était à la solde des Anglais, le duc le fit arrêter et déclara « *qu'il souhaitait que M. Gilles fût en Paradis* ». Ses geôliers l'étouffèrent entre deux matelas, en 1450. La vie de bâton de chaise du prince serait, affirme une tradition locale, à l'origine de l'expression « courir le guilledou ». Cette étymologie chauvine est plus que suspecte !

L'écrivain Hippolyte de La Morvonnais (1802-1853) vécut longtemps au **château du Val d'Arguenon** (fin 18e-19e) au Guildo ; certaines pièces ont été transformées en chambres d'hôte. Le parc donne sur la mer. Le **manoir** (17e) fut couvent des carmes avant la Révolution. Les religieux s'étaient faits armateurs et tirèrent profit de la traversée de l'Arguenon quand aucun pont ne reliait les rives. Du Guildo, on peut se rendre, par Saint-Jaguel, à la **plage des Quatre-Vaux**, qui était jadis fréquentée par les Romains venus de Corseul.

En remontant des Quatre-Vaux en direction de Saint-Cast, on pourra s'arrêter à la chapelle **Sainte-Brigitte** (fenestrage du 13e) puis à la plage de Penguen ou à la **pointe du Bay**, dernière dent de ce que Loïc-René Vilbert a baptisé « le trident de Saint-Cast » (pointes de Saint-Cast, de la Garde et du Bay).

L'écrivain Michel Tal Houarn, nouvelliste et romancier, est né à Saint-Cast, en 1926.

Saint-Cast.

SAINT-COULOMB
(Ille-et-Vilaine)
A 4 km à l'O. de Cancale

Le **château de La Fosse-Hingant** — encore appelé château de Néermont —, se trouve à la sortie O. de Saint-Coulomb, sur la route de Paramé, près de l'étang de Sainte-Suzanne. Ce fut le berceau de la conjuration bretonne contre la Convention. Le propriétaire du lieu, Marc Désilles de Cambernon, était le trésorier de l'organisation dirigée par La Rouërie ; son fils, André, avait été tué à Nancy, en 1790, en se jetant devant les canons pour s'interposer entre la Garde nationale et les troupes restées fidèles au roi. En 1793, les conjurés furent trahis par un ami médecin — hors de tout soupçon —, Valentin Chévetel. Celui-ci avait dévoilé à Danton tous les détails de la conspiration. Un détachement de la Garde nationale vint perquisitionner à La Fosse-Hingant. Les soldats découvrirent alors, sur les renseignements de Chévetel, les papiers de la conjuration cachés dans un bocal.

Une des filles de Désilles, Angélique de La Fonchais, âgée de 24 ans, figurait sur la liste. Elle périt à Paris sur l'échafaud, avec onze des conjurés. Quant à Marc Désilles, le propriétaire de La Fosse-Hingant, il avait réussi à gagner Jersey où il mourut de désespoir. Jeanne, son épouse,

En pages suivantes :
L'île Du-Guesclin, en Saint-Coulomb.

Panorama depuis la pointe du Meinga.

sombra dans la folie. Valentin Chévetel, lui, devint maire d'Orly et ne mourut qu'en 1834. Il avait épousé une actrice... l'ancienne maîtresse de La Rouërie. Le cœur a ses raisons...

De l'autre côté de l'étang se dresse une malouinière de style Régence, **La Mettrie-aux-Houets**. La commune est, d'ailleurs, riche en manoirs et gentilhommières. Citons, parmi les plus belles malouinières, **La Ville-Bague**, au N.-O. (sur la route de La Guimorais) et le **château du Lupin** (1692), face au havre de Rothéneuf.

La Guimorais possède des plages et des sites agréables. L'écrivain Colette, qui fréquenta le pays de Saint-Malo de 1911 à 1924, vivait au **manoir de Rozven**, face à l'anse de la Touesse. Elle s'inspira de ce décor pour son roman *Le Blé en herbe* (1923).

L'**îlot du Chevret** est une réserve ornithologique. Au N.-E., dans l'**anse Du-Guesclin**, un îlot porte les vestiges d'une forteresse ; le chanteur Léo Ferré a vécu dans le fort durant les années 60. Au S., **Le Plessis-Bertrand**, construit en 1259, fut démantelé en 1589.

SAINT-GUINOUX

(Ille-et-Vilaine)
A 16 km au S.-E. de Saint-Malo

Cette petite commune, en bordure de la mare de Saint-Coulban, n'a pas oublié le souvenir de l'académicien Pierre de Maupertuis (1698-1759) qui y avait un manoir. Ce brillant mathématicien, né à Saint-Malo, imposa en France la théorie newtonienne de la gravitation et arma une expédition au cercle polaire pour mesurer le méridien. Frédéric II de Prusse le fit venir à Berlin pour présider son académie. Il y retrouva Voltaire... mais les deux génies ne tardèrent pas à se crêper le chignon !

L'artiste et éditeur d'art Pierre Derveaux (né en 1945 à Saint-Malo) a jeté l'ancre à Saint-Guinoux.

SAINT-HÉLEN

(Côtes-d'Armor)
A 9 km au N.-E. de Dinan

Peu de gens s'en doutent : la commune de Saint-Hélen, très étendue en largeur (1640 ha), a

Le château de Coëtquen à Saint-Hélen.

une discrète ouverture sur la Rance, à l'O. de la Croix-du-Frêne : une crique, gagnée par les roseaux, qui s'appelle **Chantoiseau**, juste en face de Taden. Grâce, peut-être, à cette fenêtre sur le large, il fut un temps, pas si lointain, où beaucoup de jeunes de Saint-Hélen entraient dans la marine.

Il est vrai que le bourg est situé à l'E., très à l'intérieur des terres. Du **tertre** — où un affreux château d'eau a remplacé un romantique moulin à vent —, on domine la bourgade et toute la région. Par beaux jours, et quand la végétation le permet, le Mont-Saint-Michel apparaît à l'horizon.

Ravagée par un incendie en 1941, l'**église** néo-gothique — bâtie en contrebas du bourg —, n'a guère plus à offrir que des pierres tombales armoriées. Mais la commune possède les vestiges d'une industrie paléolithique, au village de la Ganterie (au N.-O.) et, surtout, les maigres ruines d'un **château** (à l'E.), à l'orée de la **forêt de Coëtquen**, riche en bouleaux (d'où, peut-être, son nom, qui signifierait bois blanc). La forteresse a connu bien des avanies. Construite au milieu du 15e — sur des vestiges sans doute anciens —, remaniée au 17e, elle fut démolie en 1794, car les révolutionnaires craignaient qu'elle ne servît de refuge aux chouans.

Coëtquen a la réputation d'être maudit depuis la parution d'un roman de Raoul de Navery, pseudonyme viril d'Adèle, dite Eugénie Saffray (1828-1885), dont la trilogie *Patira*, *Le Trésor de l'abbaye* et *Jean Canada* (1875-1877) a connu un grand succès dans la région. Dans *Patira* (réédité en 1990), l'auteur raconte qu'une jeune femme aurait été enfermée dans les cachots de Coëtquen. Cette histoire reposait sur un récit romanesque, publié à Dinan en 1836, qui rapportait d'étranges découvertes faites à la fin du 18e siècle. Tout le monde, jadis, connaissait par cœur le début de *Patira* : « *Le château de Coëtquen, un des plus magnifiques des environs de Dinan, retentissait ce matin-là des bruits joyeux d'un départ pour la chasse...* »

Le poète et éditeur Yves Prié (né en 1949) et le peintre Jean-

Luc Chauvin (1954) sont originaires de Saint-Hélen. Il n'est pas rare d'y croiser Denise Delouche, spécialiste de l'histoire de l'art (et, en particulier, de la peinture en Bretagne). Elle y a pignon sur forêt.

A l'orée de la forêt, justement, mais en Ille-et-Vilaine, se trouve le beau domaine de **La Chênaye** où vécut l'écrivain Félicité de Lamennais.

SAINT-JACUT-DE-LA-MER
(Côtes-d'Armor)
A 22 km au N. de Dinan

Vue d'avion, la maigre presqu'île de Saint-Jacut paraît être un simple mirage. Pourtant, ce « Finistère discret » — selon le joli mot de Jacques Petit —, est un des hauts lieux de la Côte d'Émeraude, un des moins frelatés aussi. A condition, bien sûr, de savoir prendre son temps, d'arpenter les grèves et les plages de la presqu'île du sud au nord (côté baie de Lancieux) puis du nord au sud (côté baie de l'Arguenon). Quand les dieux et la luminosité sont favorables, flâner de la pointe du Chevet à la Banche puis de la Banche à Vauver avant de poursuivre jusqu'aux ruines du Guildo constitue une expérience inou-

Saint-Jacut.

Saint-Jacut : l'île des Ebihens.

En pages suivantes : *Les Ebihens, vue aérienne.*

bliable. La nature y est — par miracle — préservée. Le bruit et la fureur des jours semblent à jamais abolis, et les sages en quête d'émotions vraies pourront enfin cueillir un instant d'éternité.

La rue principale constitue l'épine dorsale de la bourgade, composée de maisons trapues, groupées par « rangées » (c'est le mot employé), qui tournent le dos aux vents du nord. Coupés du monde, recroquevillés sur leur presqu'île et sur leur misère, les Jaguens du temps jadis se mariaient entre eux, parlaient leur dialecte et se livraient presque tous à la pêche au maquereau. Si l'on en croit Paul Sébillot, leurs poissonnières d'épouses avaient le verbe coloré et la main leste.

La vieille hagiographie bretonne croyait beaucoup à l'hérédité. C'est ainsi que Jacut (ou Jagu) appartenait à une famille où l'on ne badinait pas avec la sainteté. Il était fils de saint Fracan et de sainte Gwenn et frère de saint Guthenoc et de saint Gwénolé. Jacut fit ses études à l'île Lavret puis vint dans cette presqu'île fonder, avec Guthenoc, un premier monastère. Cela, affirme la tradition, se passait au début du 6e siècle.

Par la suite, l'abbaye — qui, avec celle de Landévennec, était une des plus anciennes de Bretagne —, allait devenir un monastère bénédictin fort réputé. Le culte de Jacut se propagea dans toute l'Armorique, et les Bretons l'invoquaient dans les cas de rage, de folie et de possessions démoniaques. Dom Alexis Lobineau (1666-1727), un des premiers historiens de Bretagne, vint travailler dans ce monastère et y mourut (on pourra voir, dans le cimetière, le grand menhir christianisé qui rappelle la sépulture de dom Lobineau). Quelques décennies plus tard, l'abbaye, victime de la Révolution, disparaissait à jamais. La pension de famille l'Abbaye occupe aujourd'hui son emplacement.

Au large, l'**île des Ebihens** (20 ha) comporte une tour fortifiée (1697) ; on y a découvert des monnaies coriosolites (v. Corseul) et les vestiges d'un village du 1er siècle avant notre ère. A l'O.,

l'**îlot de la Colombière** est une réserve ornithologique.

Le poète et peintre Guy Mahé est né à Saint-Jacut en 1929, ainsi que l'artiste peintre Louis Guillard (1924). Le poète Jacques-G. Krafft (1890-1960) vécut à Saint-Jacut les dernières années de sa vie.

En revenant vers l'intérieur, on découvrira, à la sortie de **Trégon**, en direction de Créhen, une allée couverte longue de 16 m, au lieu-dit La Hautière.

SAINT-JOUAN-DES-GUÉRETS (Ille-et-Vilaine)

A 6 km au S.-E. de Saint-Malo

Bien située sur les bords de Rance, entre Saint-Servan et Saint-Suliac, la commune de Saint-Jouan possède divers manoirs ou malouinières des 17e et 18e, par exemple celui de la Ville-es-Oris.

On pourra se promener le long de la rivière, par exemple du côté du **Tertre**, du Val-es-Bouillis, ou de la pointe de la Roche-du-Port. Les petites îles Chevret, Notre-Dame et Harteau font partie du territoire de la commune.

SAINT-LORMEL

(Côtes-d'Armor)

A 18 km au N.-O. de Dinan

Bords de l'Arguenon. « *Les rives*, écrit François Ménez, *peu à peu s'élargissent, entre Saint-Lormel et Créhen, ourlées de coteaux que surmonte, de loin en loin, une touffe de pins tordus par le vent de mer.* »

On peut profiter d'une halte à Saint-Lormel pour voir la chapelle Saint-Lunaire (ancienne église), de style composite, qui possède une porte romane (12e). Il y a un très beau bénitier à l'intérieur du sanctuaire.

Ceux qui aiment l'histoire et les pierres pourront saluer le **manoir de la Ville-Robert** (17e) qui fut, pendant les Cent-Jours, le quartier général d'un chef royaliste, le colonel de Pontbriand (1776-1844). Le **château de Largentaye** (1840) est lié à la famille de Rioust des Villes-Audrains dont un des membres, en 1758, réussit à arrêter une armée de 10 000 Anglais au Guildo.

Ci-contre : *Petit sanctuaire au Val-es-Bouillis.*

La Rance depuis Saint-Jouan-des-Guérets.

SAINT-LUNAIRE
(Ille-et-Vilaine)
A 26 km au N.-O. de Dinan

L'**église** (en partie romane, mais très restaurée) renferme le tombeau de saint Lunaire, évêque irlandais qui évangélisa le pays au 6e siècle. Le sarcophage de l'époque gallo-romaine a été recouvert, au 14e, par une dalle de granit représentant l'évêque dans ses habits épiscopaux. On notera une colombe sur sa poitrine. C'est une allusion à la légende du saint : pendant la traversée de la Manche, le bateau subit une terrible tempête, ce qui ne réveilla pas le prêtre. Pour alléger l'embarcation, ses compagnons jetèrent à la mer divers objets, dont la pierre sacrée sur laquelle l'évêque célébrait la messe. Lorsque Lunaire débarqua en Armorique, deux colombes vinrent déposer la pierre à ses pieds... Le gisant est soutenu par des vestiges de sculptures romanes.

Les falaises (ou houles) de la Côte d'Émeraude étaient le domaine des fées (cf. la Goule-es-Fées, en Saint-Enogat), des lutins, des sirènes aux cheveux d'or et du brick fantôme du capitaine Noir. Ce marin était un revenant, condamné à errer sur les mers et à signaler par ses feux les orages à venir.

Saint-Lunaire.

De Saint-Lunaire, on peut gagner (au N.) la **pointe du Décollé**. On est alors au centre de la baie de Saint-Malo, au cœur même d'un amphithéâtre de beauté. La vue y est superbe sur la rade de Saint-Malo (à l'E.) et les pointes de Saint-Cast et du cap Fréhel (à l'O.). Plus à l'O., **la pointe de la Garde-Guérin** offre également une vue saisissante.

Le musicien Ivan Devriès, descendant de Théophile Gautier, est né à Saint-Lunaire en 1909. L'acteur Jean Rochefort est, depuis son enfance, un habitué de la station.

SAINT-MALO

(Ille-et-Vilaine)
A 60 km au N. de Rennes

« *Couronne de pierre dressée sur les flots* », selon le mot de Flaubert, Saint-Malo est admirablement situé à l'embouchure de la Rance. A l'origine ce n'est qu'une île, reliée à la terre par un banc de sable que la mer vient recouvrir chaque jour. Le rocher a été rattaché à Paramé, au 18e siècle, par la chaussée du Sillon. L'ancien port à marée a été remplacé, en 1930, par un bassin à flot et une digue à écluse. Dès le 17e siècle, Sébastien Vauban avait voulu imposer ce projet, mais il s'était heurté aux oppositions des Malouins. Grand centre des terre-neuvas pendant des siècles, Saint-Malo est aujourd'hui un port de commerce avec les îles Britanniques et un très important port de voyageurs.

Vers le milieu du 6e siècle, un moine gallois, Machutus alias Maclaw (ou Malo) débarqua sur ce rocher pour évangéliser le pays d'Alet (actuellement Saint-Servan), dont il devint l'évêque. Après plusieurs années de ministère, l'évêque d'Alet décida de se

Saint-Lunaire.

Saint-Malo : le petit donjon.

En pages suivantes : *Saint-Malo.*

retirer sur ce rocher... puis, contesté par une partie de ses paroissiens, Malo quitta le pays pour la Saintonge où il mourut vers 627. Ses reliques furent ramenées sur son île un siècle plus tard.

Pour fuir les invasions des Francs, puis celles des Normands, les « Malouins » prirent l'habitude de se réfugier — comme jadis leur saint évêque —, sur ce rocher qu'ils avaient baptisé de son nom. Ce n'est qu'au 12e siècle que Jean de Châtillon y transféra son siège épiscopal. La ville de Saint-Malo-en-Isle était née.

Saint-Malo doit son exceptionnelle fortune à la rage de

Duguay-Trouin. (Musée de Saint-Malo.)

vaincre et à l'esprit d'indépendance de ses habitants, qui ne cesseront de proclamer leur devise : *Malouin d'abord, breton peut-être, français s'il en reste...* Il existe une âme malouine, forgée par des siècles de luttes sur terre et sur mer. Les Malouins voudront toujours prendre en main leur propre destin. Pendant la guerre de Succession, ils refuseront de reconnaître Jean de Montfort comme duc de Bretagne. Défendue par le corsaire Morfouace et par Bertrand Du Guesclin, la cité repousse les assauts du duc de Lancastre, qui doit lever le siège. S'il parvient à soumettre toute la Bretagne, Jean IV n'arrive pas à contrôler la cité rebelle. Les Malouins soutiennent leur évêque, Josselin de Rohan, qui n'entend dépendre que de la papauté. Après tout, Rome est si loin... Il faut que Jean IV bloque la ville et fasse construire à Saint-Servan la tour Solidor pour qu'ils se soumettent. A la première occasion, ils se placeront sous la juridiction du roi de France.

En 1415, Charles VI rend Saint-Malo au nouveau duc de Bretagne, Jean V, qui lui est loyal. Se méfiant de la bouillante cité, celui-ci fait construire un donjon — plus pour surveiller les

Préparatifs pour la course du Rhum.

Malouins que pour les défendre. Pour établir son pouvoir et se faire obéir, la duchesse Anne renforcera le château et fera graver sur la tour : « *Quic en groigne, ainsi sera : c'est mon plaisir.* » Avec le mariage entre Anne et Charles VIII puis Louis XII, les Malouins seront français. Ils resteront surtout malouins.

Au 16e siècle, pendant les guerres de la Ligue, ils s'emparent du château et se constituent en république aristocratique et indépendante. La république durera quatre ans, pendant lesquels la cité se chargera, seule, de sa défense sur mer et enverra des ambassadeurs en Espagne et au Portugal. Au 17e siècle, Saint-Malo est le plus grand port de France. Il doit sa prospérité à un commerce maritime de grande envergure qui repose sur la pêche à la morue à Terre-Neuve, après que l'un des siens (J. Cartier) l'eut découverte, et sur le négoce des fourrures du Canada. La morue salée est vendue dans les pays de la Méditerranée. En retour, les navires malouins rapportent dans leurs cales l'alun de Rome, qu'ils livrent aux entreprises textiles de l'Europe du Nord. Ils échangent également toiles et cotonnades avec les

Plage de Bon-Secours.

Ci-contre : *La cour La Houssaye.*

Indes et l'Espagne. Dans l'Atlantique Sud, les îles Malouines sont visitées par le Malouin Goüin de Beauchesne dès 1699 ; elles seront colonisées par des aventuriers de Saint-Malo à partir de 1763. Au 18e siècle, les Malouins participent à la traite des Noirs et contrôlent les îles Bourbon et de France (aujourd'hui îles de la Réunion et Maurice).

La difficile conjoncture politique et économique de la France, à la fin du règne de Louis XIV, oblige les Malouins à se tourner vers une activité de substitution qu'a exaltée la légende : la course. Les sociétés par actions arment les navires afin de pallier les insuffisances du grand commerce. C'est alors que Sébastien Vauban et l'architecte Siméon Garangeau achèvent les fortifications de la ville et les forts sur les rochers qui ceinturent la baie (le fort Royal, le Petit-Bé, l'île Herbois, la Conchée, Cézembre, l'île Harbour...), autant d'écueils qui rendent la cité imprenable. Les Anglais se sont jurés de détruire cette orgueilleuse cité marchande et corsaire, pour affaiblir Louis XIV. Ils n'y parviendront pas !

Pendant la Révolution, Saint-Malo devient Port-Malo. L'activité commerciale du port continue de décliner, Surcouf est peut-être le plus célèbre des corsaires, mais ses exploits restent isolés. L'âge d'or de la course est passé... Mais pas celui des tragédies : une grande brûlerie anéantit la ville, à 80 pour cent, en août 1944.

Aujourd'hui, Saint-Malo a été merveilleusement reconstruit, dans le style monumental des hôtels construits au 18e par Garangeau.

Le visiteur pénètre dans la cité « intra-muros » par la porte Saint-Vincent. Le **château**, qui abrite désormais l'hôtel de ville, date du 15e, à l'exception de sa partie E., la Galère, qui est du 17e. La **tour Quiquengrogne**, adossée au petit donjon, a été construite par la duchesse Anne. Construit par le duc Jean V, le **grand donjon**, auquel a été ajoutée la grosse tour dite Générale, est aujourd'hui le **musée** municipal, qui retrace l'histoire de la cité corsaire et de ses hommes illustres.

Le **tour des remparts** constitue une magnifique promenade, et c'est la meilleure façon de découvrir Saint-Malo. Les fortifications (qui ont été épargnées par le grand incendie d'août 44) sont l'œuvre de Siméon Garangeau, élève de Vauban. A noter cependant que la partie N.-O., derrière la tour Bidouane (17e) jusqu'au fort de la Reine (18e), date du siècle dernier. Derrière la tour Bidouane est érigée la statue de Robert Surcouf, le doigt pointé vers l'Angleterre. La partie O. des remparts, face au large et au-dessus de la plage de Bon-Secours, remonte au Moyen Age : ce sont les petits murs, construits par l'évêque Jean de Châtillon, et qui s'étendent de la tour Bidouane au bastion de Hollande ; derrière la Hollande, se dresse la statue de Jacques Cartier.

Vue générale, prise du château.

Grand'rue et cathédrale.

La porte Saint-Vincent.

Le Grand-Bé : la tombe de Chateaubriand.

En pages suivantes : *Remparts et hôtels d'armateurs.*

Ci-contre, en haut : *Chalutiers-usines.*

En bas : *Le bastion du Cavalier.*

Du haut des remparts, on découvre la ceinture de rochers qui entourent la ville : le **Petit-Bé**, coiffé d'un fort, et le **Grand-Bé**, où est enterré René de Chateaubriand. Bé viendrait du breton *bez* qui signifie tombe, et ces îles étaient probablement, chez les Celtes, des tombes de mer, où les âmes se retrouvaient après la mort. Plus au large, on aperçoit l'**île de Cézembre** — où vivaient jadis des moines —, le fort de la Conchée (1695) et le **fort Harbour**, construits par Sébastien Vauban.

Quelques rares maisons ont été épargnées par l'incendie de 1944 : l'**hôtel Magon de la Lande** et l'**hôtel Asfeld**, situés près de la porte Saint-Louis. Ces hôtels de granit, propriétés des armateurs malouins, ont été construits par Garangeau au 18e. L'**hôtel de la Gicquelais** (où naquit Chateaubriand) ainsi que la « maison de verre » (maison en bois et vitrée qui date du 16e) de la **rue Pélicot** ont pu être également sauvés. Les immeubles près de la porte de Dinan à l'O. ont été remis en état.

La **cathédrale Saint-Vincent** a été restaurée par Raymond Cornon et Pierre Prunet : cet édifice est un mélange de styles de diverses époques (12e... au 20e). Sa façade présente des parties de la Renaissance, de l'époque classique et du 18e. La nef (12e) est couverte de grandes voûtes d'ogives à la manière angevine et le **chœur** (13e) est caractéristique du style anglo-normand répandu en Bretagne. Les prestigieux **vitraux de la grande rose** (1969-1972) sont de Jean Le Moal et Bernard Allain et ceux des collatéraux de la nef de Max Ingrand.

Cette petite cité — son enceinte, nous dit Chateaubriand, n'égale même pas en superficie le jardin des Tuileries —, a vu naître un nombre considérable d'hommes illustres et de caractères intraitables dont Jacques Cartier (vers 1494-1557), René Duguay-Trouin

CAFÉ DE LA BOURSE

Dans la cathédrale Saint-Vincent.

(1673-1736), Bertrand Mahé de La Bourdonnais (1699-1753), François-René de Chateaubriand (1768-1848), Robert Surcouf (1773-1827), et les deux frères Lamennais, Jean-Marie (1780-1860) et Félicité (1782-1854).

Comme beaucoup de villes du pays de Rance (v. Dinan et Dinard), Saint-Malo a toujours attiré les Britanniques. Une Anglaise venue des Indes, Anna Snell, y vécut quelque temps dans la deuxième partie du 19e siècle — avant de s'installer au Mans —, et devint romancière en langue française. Son œuvre est bien oubliée — mais pas le nom de son petit-fils, lui aussi écrivain : Somerset Maugham. Dans son roman *The Magician* (1908), Maugham met en scène un Breton pur-sang et fier de l'être (cf. chapitre 13), le docteur Porhoët.

Saint-Malo est devenu une station ultramoderne, très bien équipée sur le plan sportif (golfs, tennis, piscines, aéro-club, écoles de voile...). Elle possède aussi un **centre de thalassothérapie**.

Le Sillon.

En pages suivantes : *Saint-Servan et la tour Solidor.*

SAINT-SERVAN

Saint-Servan s'appelait jadis Alet et sa région le Clos-Poulet (v. à ce nom). Cette importante cité gallo-romaine devint la capitale de Coriosolites (v. Corseul et Erquy). Les **sites gallo-romains** sont nombreux dans la région ; l'un d'eux, au pied de la tour Solidor, date de l'an 390. Le pays était autrefois couvert par une forêt que la mer a progressivement envahie. La tradition fait état d'un raz-de-marée qui engloutit cette forêt en 709.

Pillé et incendié à plusieurs reprises par les invasions normandes, Alet fut surclassé par Saint-Malo au 12e siècle. La **tour Solidor** y fut construite, en 1382, par le duc Jean IV de Bretagne pour contrôler la cité et l'empêcher de commercer avec Dinan. Solidor — qui se compose de trois tours juxtaposées et ornées de mâchicoulis —, est un bel exemple de l'architecture militaire du Moyen Age : la tour abrite

La tour Solidor.

Le Bosc.

aujourd'hui un **musée des Cap-Horniers**. La promenade sur la corniche d'Alet, qui contourne la presqu'île de la Cité, est à recommander pour ses vues sur Saint-Malo, Dinard et l'embouchure de la Rance.

Le **manoir de la Briantais**, sur les bords de la rivière, est un centre de réflexion et de rencontres culturelles. Ce fut la propriété d'un homme politique, Guy La Chambre (1898-1975), qui fut plusieurs fois ministre.

Saint-Servan possède quelques belles malouinières : le **Val-Marin**, gentilhommière typique du 18e et **La Verderie**, qui n'est pas sans rappeler, avec sa tourel-

La Chipaudière.

le, les constructions de la Renaissance. Elle a été construite, au 17e, par Noël Danycan, fondateur de la Compagnie de commerce de la Mer du Sud.

Vers Saint-Jouan-des-Guérets, mais toujours à Saint-Servan, en Quelmer, nous trouvons, en bordure de Rance, **Le Bosc** (1717), une des plus séduisantes malouinières, propriété d'une famille d'armateurs, les Magon de la Lande. Entourée d'un parc, elle est orientée vers la vallée de la Rance. On peut la visiter en saison. C'est ici qu'il conviendrait de lire — ou de relire — le roman *La Hourie* (1942) de Roger Vercel.

PARAMÉ

Aujourd'hui reliée à Saint-Malo par le Sillon, c'est une station balnéaire importante. La promenade sur la **digue**, en longeant la grande plage, est pittoresque ; aux fortes marées, la mer vient se briser sur la chaussée. La région de Paramé conserve également des malouinières. **Les Chênes**, à la sortie de la ville, gardent le souvenir de Chateaubriand ; une légende veut, en effet, qu'il y ait enlevé, dans la plus pure tradition romantique, sa jeune promise. La réalité est bien différente : hostile à la vie conjugale, le jeune René... se laissa, en fait, marier par ses sœurs ! « *Pour éviter une tracasserie d'une heure*, a-t-il écrit, *je me serai rendu esclave pendant un siècle.* » Il s'en consola comme il put et se contenta d'écrire un jour : « *Ma femme a une telle confiance dans mon talent d'écrivain qu'elle n'a jamais éprouvé le besoin de lire une ligne de moi pour s'en convaincre.* »

Au milieu de la campagne, **La Chipaudière** est la plus belle malouinière du Clos-Poulet : François Magon de la Lande, un armateur malouin, la fit construire vers 1715 par Garangeau (on ne visite pas).

Le village de **Rothéneuf** possède un **aquarium marin** et

conserve quelques éléments de la maison de campagne de Jacques Cartier, la ferme des Portes-Cartier. L'écrivain Théophile Briant (1891-1956) repose à Rothéneuf ; il vécut les vingt-deux dernières années de sa vie dans le pays malouin.

C'est sur une **pointe de rochers** qui descendent vers la mer que l'abbé Fouré (1839-1910) sculpta, en 25 ans, la légende de la famille des Rothéneuf. Ce poème de granit s'étend sur cinq cents mètres et représente quelque trois cents personnages. Les Rothéneuf étaient une famille de pirates et de pêcheurs contrebandiers, établis sur cette terre au milieu du 16e siècle. Pendant un siècle, ils surent se faire respecter par leurs puissants voisins de Saint-Malo. De cette tribu, l'abbé a fait une curieuse galerie de portraits ; cette fresque gargantuesque est un sommet de la poésie naïve…

Non loin de la pointe, le **havre de Rothéneuf** constitue un des lieux les plus pittoresques de la côte. Petit lac à marée haute, et très fréquenté par les amateurs de sports nautiques, il se dénude à marée basse et révèle alors une belle plage.

Paramé est la ville natale du compositeur de musique Louis Aubert (1877-1968) qui a laissé divers poèmes symphoniques et œuvres instrumentales. L'illustrateur Robert Velter (alias Robvel) — qui, en 1938, a créé le personnage de Spirou —, a jeté l'ancre de la retraite à Paramé.

Rothéneuf.

Rothéneuf : rochers sculptés.

Le **manoir de Limoëlou** (16e) est devenu un musée consacré à Jacques Cartier.

SAINT-MÉLOIR-DES-ONDES
(Ille-et-Vilaine)
A 7 km au S.-O. de Cancale

Cette vaste commune, déjà active à l'époque gallo-romaine, donne sur la baie du Mont-Saint-Michel. Elle fut, au Moyen Age, le siège d'un prieuré dépendant de la riche abbaye. Elle recèle aujourd'hui divers manoirs ou châteaux de quelque intérêt et, surtout, deux malouinières : **Le Bouillon** (1730) et **Val-Ernoult** (1719). Cette dernière devint la propriété de la famille Robert-Lamennais (dont firent partie Félicité et Jean-Marie).

Très fertile, la région de Saint-Méloir est tournée vers les cultures maraîchères. La commune est même devenue une des toutes premières de France pour la production des primeurs.

Son marché journalier est important : pommes de terre ou choux-fleurs selon les saisons. Ce dynamisme économique explique son accroissement démographique (2 322 habitants en 1982, 2 588 en 1990). La commune possède un **atelier de verre**, rue Radegonde.

SAINT-SAMSON-SUR-RANCE
(Côtes-d'Armor)
A 7 km au N. de Dinan

Comme beaucoup d'autres communes du coin, Saint-Samson a les pieds dans la Rance, qu'elle surplombe d'une colline rocheuse. Elle s'appelait jadis Saint-Samson-Jouxte-Livet, par référence à Livet, un des points sur la rivière (v. aussi La Vicomté-sur-Rance).

Le **menhir de la Tiemblaye**, orné de signes néolithiques et de gravures, est un des beaux monuments mégalithiques du pays de Dinan. Il serait là depuis quelque 5 000 ans.

Un des coins les plus insolites des bords de Rance est situé entre La Hisse et le pont de Lessart. Pour peu que la luminosité soit favorable, la rivière, avec ses carrelets et leurs passerelles, cesse d'être bretonne et se pare d'un charme extrême-oriental.

La ligne de chemin de fer Dol-Dinan franchit la rivière au **pont de Lessart** (1879, reconstruit en 1950 après les bombardements de 1944). En 1887, il fallait encore 9 h 30 pour aller en train de Paris à Dinan.

Dans cette localité de Saint-Samson vécut le Dinannais François Hingant de la Thiem-

Saint-Suliac.

blaye (1761-1827), compagnon d'exil de Chateaubriand en Grande-Bretagne, où il tenta de se suicider avec un canif. Chateaubriand raconte l'épisode dans les *Mémoires d'outre-tombe.* Hingant est l'auteur de plusieurs livres inédits, dont les manuscrits sont conservés à la bibliothèque municipale de Dinan.

SAINT-SULIAC
(Ille-et-Vilaine)
A 8 km au S.-O. de Saint-Malo

Le site de Saint-Suliac était habité dès l'époque préhistorique, et on y a découvert divers outils de l'époque moustérienne. C'est aujourd'hui un charmant port des bords de la Rance. D'étroites ruelles aux maisons de granit dégringolent jusqu'à la jetée.

Campée sur une hauteur, l'**église** est un remarquable édifice d'influence anglaise. L'environnement lui-même, d'ailleurs, a quelque chose de britannique avec son ancien cimetière — où dorment encore quelques tombes —, ses cyprès, sa pelouse et la vue qu'offre l'enclos sur l'estuaire de la rivière. Le sanctuaire date en partie du 13e, ce qui est assez rare en Bretagne. Sur sa façade N., une tour carrée est dotée d'épais contreforts ; elle servit de refuge, en 1597, aux Ligueurs de Dinan. Sur le même côté N. un porche voûté sur croisée d'ogives semble annoncer le porche des apôtres des églises de Basse-Bretagne ; celui-ci accueille six statues, dont quatre (restaurées) du 13e. A droite de la façade O. (17e), une curieuse tête de granit représente peut-être saint Suliac.

Ce moine gallois, disciple de saint Samson, construisit ici un monastère au 6e siècle. La légende dit qu'il débarrassa le pays d'un dragon qui terrorisait la population (v. aussi Châteauneuf-d'Ille-et-Vilaine). La paroisse a conservé les reliques du saint et le précieux couvercle de son sarcophage.

A l'intérieur de l'église, on note également les piles à colonnettes, divers souvenirs ou sculptures liés à la pêche en mer et des vitraux modernes.

Il ne faut pas manquer de remarquer, à l'E. et au S., les deux **portails** à frontons aigus de l'ancien cimetière. Ils datent du 13e et sont donc les plus anciens de Bretagne. Saint-Suliac est un cas intéressant, car il constitue véritablement un enclos paroissial en Haute-Bretagne (il possédait même jadis un ossuaire).

Gargantua séjourna dans la région : les rochers du **mont Garot** (72 m) constituaient son dentier, et les autres pierres du pays des cailloux que le géant ôta de ses chaussures. Au village de Chablé se dresse un menhir de 5 m, **la dent de Gargantua**. L'esprit égaré, Gargantua tua ici même sa progéniture. Ce que voyant, la population fit un sort au meurtrier. Il fut enterré sur place, mais il fallut tant de terre pour lui donner une sépulture que l'on créa ainsi la baie de La Baguais. Le mont Garot serait son tumulus. Dans l'anse de Vigneux, il y avait aussi autrefois un menhir dit Lit de Gargantua. Selon une tradition locale, Vigneux est également une ville engloutie sous la Rance.

Le personnage de Gargantua joue un grand rôle dans le folklore taisiste, cette étymologie populaire recèle une vérité conservée dans la mémoire collective : Taden était située sur une voie de communications importante, sans doute une voie romaine. Or, il est aujourd'hui prouvé (travaux de Loïc-René Vilbert et Loïc Langouët) que, venant de Corseul, une voie romaine passait par l'Asile des Pêcheurs sur la Rance, qu'elle franchissait à gué avant de poursuivre vers l'est, par le vallon de Port-Josselin. Taden fut, en fait, à partir du 1er siècle de notre ère, un *vicus*, un port fluvial important, ce qui a été confirmé par la photographie aérienne (nombreuses structures gallo-romaines dont deux temples). A proximité, la **cale de Taden**, bien aménagée, est, depuis des lustres, un des rendez-vous préférés des Dinannais (v. aussi La Vicomté).

Le bourg possède — ce qui est très rare dans la région —, deux belles constructions du 14e : l'**église** et le **manoir de la Grand-Cour**, avec sa curieuse tour de guet. Un autre bâtiment intéressant, le **manoir de La Conninais** est situé beaucoup plus loin au S.-O. à la sortie de Dinan, sur la route de Dinard. Il est inclus dans la propriété d'une banque. Grilles anciennes, linteaux sculptés, fenêtres Renaissance, colombier, puits décoré, chapelle et parc lui donnent grâce et légèreté. Il fut commencé à la fin du 15e, mais plusieurs fois modifié. La tour de défense de l'entrée — dite tour d'Amour —, date du 15e.

Le **château de Kerrozen** (19e), sur la CD 12, est néo-gothique ; il a servi de cadre au film *L'Inspecteur Lavardin* (1986).

On ne saurait quitter le vaste (2 100 ha) mais insaisissable territoire de Taden sans chercher à découvrir, sur la route de

Taden : église et manoir de la Grand-Cour.

topographique (v. Fort-la-Latte). Il s'agit, bien entendu, du Gargantua de la tradition, très antérieur à celui de Rabelais. Paul Sébillot (v. Matignon) lui consacra une étude en 1883.

TADEN (Côtes-d'Armor)
A 5 km au N.-E. de Dinan

Selon certains, le nom Taden signifie « père des chemins, vieux chemin » en breton. Bien que fan-

Ploubalay (à 2,4 km de la gare de Dinan), les **ruines de la Garaye**. Après une existence mondaine, le Rennais Claude Marot décida, à la suite d'un deuil, de se consacrer à la souffrance. Il se fit chirurgien et transforma son manoir en hôpital en 1710. Il hébergea blessés et malades pendant plus de quarante ans. Il mourut en 1755, à l'âge de 80 ans.

Désertés, les bâtiments tombèrent en ruine dès la fin du 18e. Ce qui reste n'est pas sans charme. La façade conserve fenêtres sculptées et portail à colonnes. La tourelle d'escalier polygonale, avec ses ouvertures enchâssées de décoration, est très élancée (milieu 16e). A cela s'ajoute une impression de mélancolie... « *Dans peu de temps*, écrivait Luigi Odorici en 1857, *il ne restera plus de cette construction, de l'époque de la Renaissance, que le souvenir.* » Mais non, M. Odorici, mais non !

A **Trélat** (5 km au N. de Dinan), hameau de la commune, une chapelle (17e) abrite une Vierge à l'Enfant (15e). Destinée à l'abbaye de Saint-Jacut, elle refusa d'aller plus loin, et on dut la décharger tellement elle se faisait lourde.

Taden : Asile des Pêcheurs.

Le pont Chateaubriand.

Ci-contre : *Taden : le château de la Garaye.*

LA VICOMTÉ-SUR-RANCE
(Côtes-d'Armor)
A 9 km au N.-E. de Dinan

La commune est souvent associée à Pleudihen, sa proche voisine dont elle fit d'ailleurs partie jusqu'en 1878. Sa seule richesse architecturale est le **manoir de la Bellière** qui se dresse près d'un étang. La demeure a été bâtie à la fin du 14e siècle, mais des parties plus anciennes seraient du 13e. Jadis forteresse, c'est aujourd'hui un château d'agrément, car les défenses ont disparu.

Cette résidence aurait vu naître Tiphaine Raguenel, la première femme de Du Guesclin. C'est, en tout cas, dans la chapelle de ce manoir qu'elle se maria, en 1363. « *Tiphaine est belle et savante, Bertrand laid et ignorant : cela fera un excellent ménage* », note, dans sa biographie du connétable, l'écrivain Roger Vercel qui, à l'évidence, croyait aux vertus — douteuses — de la complémentarité conjugale.

Pauvre en vestiges du passé, La Vicomté est pourtant loin d'être sans attraits, en raison de la proximité de la Rance. Il faut se rendre à l'**écluse du Châtelier** (ou du Livet) qui unit les terres jumelles de La Vicomté et de Saint-Samson (v. à ce nom). Pendant des décennies, ce petit coin de Rance fut un des rendez-vous obligés des Dinannais. Chaque dimanche, après la messe, ils s'y rendaient en rangs serrés, à pied ou à bicyclette. Une bonne odeur de galettes et de saucisses les récompensait de leur exploit.

Au S., l'**oppidum du Châtelier** est surtout visible d'avion. Ce promontoire, qui domine la rivière, est un lieu agréable et très fréquenté. On aperçoit en face les rochers abrupts de Taden qui ont servi de cadre au chapitre 20 du roman *Patira* de Raoul de Navery (v. Léhon et Saint-Hélen) sous le nom de « la potence des Dinâmmas ». Un des personnages, Tanguy de Coëtquen, l'escalade avant de se jeter dans le vide... alors que des

prêtres, passant en barque, chantent justement le *De profundis* !

LA VILLE-ES-NONAIS
(Ille-et-Vilaine)
A 10 km au S.-O. de Saint-Malo

Le nom de cette petite commune des bords de Rance vient d'un prieuré bénédictin. Les religieux s'installèrent en un lieu qui est devenu **Port-Saint-Jean** (face au Port-Saint-Hubert, en Plouër). La Rance est ici fort étroite puisqu'elle ne dépasse guère 130 mètres. Le **pont Chateaubriand** (1991) relie désormais les deux rives et permet de filer vers Plouër et Dinan. Le premier pont (1959) ne suffisait pas à la tâche. Il y avait jadis un bac contrôlé par les hospitaliers de Saint-Jean, ce qui rapportait quelques dividendes. Le site est superbe.

Le **manoir de Vaubœuf** (début 17e) a été construit sur les bords de la grève.

Cap Fréhel
Anse des Sévignés
Fort-la-Latte
Pte de St-Cast
Vieux-Bourg
Plévenon
Sables-d'Or-Les Pins
ST-CAST-LE GUILDO
Pte de la Garde
I. des Ebih
Cap d'Erquy
Baie de la Fresnaye
Ile de La Colombière
Fréhel
Plurien
ERQUY
St-Germain
Pen Guen
Baie de l'Arguenon
Château du Vaurouault
COTE DU PENTHIEVRE
Caroual
PAYS DE FREHEL
Pléboulle
Ste-Brigitte
St-Jaguel
Quatre-Vaux
Montbran
Le Temple
Matignon
N.D. du Guildo
Trégon
Château de Bien-Assis
La Bouillie
Ruca
Frémur
vers St-Brieuc
vers Lamballe
St-Pôtan
Créhen
St-Lormel
PENTHIEVRE
Pluduno
Plancoët
Nazareth
Château de Monchoix
Brandefer
L'Arguenon
vers Jugon
Forêts, bois
Site exceptionnel, Site intéressant, curiosité
Menhirs
Châteaux
Manoirs, malouinières
Architecture religieuse
Croix, calvaires, lieux de pèlerinage, pardons
ST-MALO Ville importante,ou site touristique exceptionnel
Aéroport, aérodrome
Grandes routes
Routes secondaires
0
5 km
Cartographie AFDEC

Pointe du Grouin
Pointe du Meinga
Aquarium
Rochers sculptés
St-Coulomb
CANCALE
La Houle
Rothéneuf
Ile de Cézembre
Paramé
SAINT-MALO
Pointe du Décollé
Les Bé
St-Méloir-des-Ondes
Chateau de La Chipaudière
ST-LUNAIRE
St-Enogat
St-Benoît-des-Ondes
CLOS-POULET
DINARD
St-Servan
Aérodrome de St-Malo-St-Servan
La Gouesnière
ST-BRIAC
Usine marémotrice
Château du Bosc
St-Jouan-des-Guérets
La Richardais
vers Dol
Val-es-Bouillis
ancieux
Aéroport de Dinard-Pleurtuit
Châteauneuf d'Ille-et-Vilaine
St-Guinoux
Marais de St-Coulban
Le Minihic-sur-Rance
La Rance
St-Suliac
Ploubalay
Pleurtuit
Frémur
La Mare
La Ville-ès-Nonais
Langrolay-sur-Rance
vers Dol
Port-St-Jean
essix-alisson
Pleslin
Port-St-Hubert
Miniac-Morvan
Trigavou
Plouër-sur-Rance
La Ville-Ger
Château du Bois-de-la-Motte
Pleuhiden s.Rance
Mordreuc
Languenan
St-Samson-s.Rance
POUDOUVRE
La Vicomté-s.Rance
Tressé
La Ganterie
Coëtquen
Taden
Corseul
St-Hélen
Lande-Boulou
Croix-du-Frêne
Forêt de Coëtquen
Château de Grillemont
St-Pierre de-Plesguen
Le Temple de Mars
DINAN
Lanvallay
St-Solen
Aucaleuc
St-Esprit
Léhon
Fautrel
vers Rennes
Aérodrome de Dinan-Trélivan
Tressaint
Les Champs-Géraux
vers Caulnes
St-Carné
Calorguen

TABLE DES MATIERES

BIBLIOGRAPHIE SOMMAIRE

AMIOT (P.). — *Histoire du pays de Fréhel,* chez l'auteur, 1981.
BANÉAT (P.). — *L'Ille-et-Vilaine historique, archéologique, monumentale*, Larcher, Rennes, 1927.
BERNADES (A.). — *Origine et évolution de Cancale et sa région*, Chambrin, Cancale, 1989.
BROSSE (J.), rédacteur en chef. — *Dictionnaire des églises de France*, tome IV, Laffont, 1968.
BUFFET (H.-F.). — *En Haute-Bretagne*, Librairie celtique, 1954.
CATHERINE (C.). — *Ille-et-Vilaine,* Siloë, Laval, 1987.
CHARDRONNET (J.). — *Histoire de la Bretagne*, Nouvelles Éditions latines, 1965.
COLONNE (B.). — *Le Pays de Fréhel*, Ouest-France, 1986.
DAGNET (A.). — *Le Clos-Poulet* (1907), Rue des Scribes, 1988.
DAGNET (A.). — *La Rance* (1911), Rue des Scribes, 1988.
DELOUCHE (D.). — *Yvonne Jean-Haffen,* Bibliothèque municipale, Dinan, 1990.
DERVEAUX (D.). — *Gentilhommières du pays de Saint-Malo*, Éditions Derveaux, Saint-Malo, 1961.
GAIGNARD (H.-G.). — *Visages de Rance,* Lanore, 1983.
LANGOUET (L.). — *Les Coriosolites : un peuple armoricain*, Centre régional d'Archéologie d'Alet, Saint-Malo, 1988.
LEGARDINIER (C.). — *Promenades littéraires à Saint-Malo*, Ouest-France, 1990.
LESPAGNOL (A.). — *Messieurs de Saint-Malo : une élite négociante au temps de Louis XIV,* L'Ancre de Marine, Saint-Malo, 1991.
MALHERBE (G.) et VILBERT (L.-R.). — *Dinan en cartes postales anciennes*, Bibliothèque européenne, Zaltbommel (Pays-Bas), 1974.
MALLET (M.). — *Dinard sur la Côte d'Émeraude*, Jos Le Doaré, Châteaulin, 1988.
MÉNEZ (F.). — *Rivières bretonnes*, Calligrammes, Quimper, 1990.
MONIER (M.-E.). — *Quinze Promenades autour de Dinan*, Imprimerie bretonne, Rennes, 1956.
MUSSAT (A.). — *Arts et culture de Bretagne : un millénaire*, Berger-Levrault, 1979.
ORAIN (A.). — *Géographie pittoresque du département d'Ille-et-Vilaine*, (1882) Laffitte Reprints, Marseille, 1982.
ROBET-MAYNIAL (D.). — *Tourisme en Ille-et-Vilaine*, Nouvelles Éditions Latines, s.d.
RUAUX (J.-Y.). — *Dinan et son pays*, Éditions des Templiers, Dinan, 1989.
RUAUX (J.-Y.). — *La Côte d'Émeraude*, Ouest-France, 1977.
SAINT-JOUAN (R. de). — *Dictionnaire des communes : département des Côtes-d'Armor,* Conseil général des Côtes-d'Armor, Saint-Brieuc, 1990.
VALLAUX (C.), WAQUET (H.), DUPOUY (A.) et CHASSÉ (C.). — *Visages de la Bretagne*, Horizons de France, 1941.
VERCEL (R.). — *La Rance* (gouaches de Jean Urvoy), Éditions Arc en Ciel, 1945.
WAQUET (H.). — *L'Art breton*, 2 tomes, Arthaud, Grenoble, 1933.

Il convient également de signaler l'excellente publication annuelle *Le Pays de Dinan* (Bibliothèque municipale, Dinan) que dirige Loïc-René Vilbert. Nos lecteurs trouveront une bibliographie complémentaire dans notre **Nouveau guide de Bretagne** (Ouest-France, 1988).

Qu'il me soit permis de remercier ici Loïc-René Vilbert pour ses suggestions et ceux qui, en 1976, avaient été mes premiers collaborateurs pour la terre et la Côte d'Émeraude : Jean-Yves Ruaux et Bruno Sourdin.

Comment ne pas remercier aussi ceux qui ont été les tout premiers à me faire découvrir le pays de Dinan et sa vallée enchantée, mes parents **Pierre et Madeleine Renouard** ? Comment ne pas évoquer la claire mémoire de mon oncle **Raymond Leforestier** (1911-1957), alias l'Ermite de Coëtquen, professeur de lettres, musicien, conteur et chroniqueur ? Il fut mon premier guide.

Cet ouvrage a été imprimé par l'imprimerie Mame à Tours (37)
I.S.B.N. 2.7373.0794.5 - Dépôt légal : juin 1991
N° éditeur : 2106.02.03.01.94